Heike Schmidt-Röger

Was denkt mein Hund

Hundeverhalten auf einen Blick

KOSMOS

Typisch HUND

8 So bin ich
10 Das hab ich erlebt
12 Was ist das?
14 Andere Tiere
16 Ich fang dich
18 Mein Haus, mein Auto ...
20 Rund ums Fressen
22 Wieso kauen so toll ist
24 Das tut gut
26 Das ist mir wichtig
28 Ist gar nicht schlimm
30 Alt – na und!

Hund & HUND

34 Wer bist du?
36 Komm spielen
38 Ich bin toll
40 Du hast recht
42 Ich bin entschlossen!
44 In der Meute
46 Ich gebe den Ton an
48 Komm doch her
50 Wir sind Freunde
52 Was gibt's Neues?
54 Was willst du mir sagen?
56 Von den Großen lernen

Hund & MENSCH

60 Wir gehören zusammen
62 Da gefällt's mir
64 Bei dir fühl' ich mich sicher
66 Schau mich an
68 Alles klar
70 Das mag ich nicht
72 Komm zu mir
74 Ich komm ganz hoch
76 Wir gehen raus – Juhu!
78 Ich will was machen
80 Wir unternehmen was
82 Ich bin auch noch da
84 Spiel mit mir
86 Wo bist du?
88 Mein kleiner Freund

SERVICE

92 Zum Weiterlesen
93 Nützliche Adressen
95 Register
96 Impressum

Zu diesem Buch

Unsere Hunde sind uns so vertraut und manchmal doch so fremd. Jeder Hundehalter hat sich sicher schon einmal gewünscht zu wissen, was sein Vierbeiner gerade denkt. Dabei sind unsere Gefährten gar nicht so unergründlich, wie es manchmal scheint. Im Gegenteil: Hunde sind in ihrem Ausdrucksverhalten sehr direkt, der Mensch muss nur lernen zu erkennen, was es bedeutet.

Zugegeben, man braucht viel Übung, um Hundeverhalten in allen Situationen deuten zu können. Denn es sind nicht immer nur die Mimik oder eine Geste, die als Erklärung ausreichen. Hundeverhalten ist komplex und immer nur ganzheitlich zu verstehen – also im Zusammenspiel des kompletten Ausdrucksverhaltens und der beeinflussenden Faktoren wie rassetypischen und individuellen Eigenschaften, bisherigen Erfahrungen, Umgebung, anderen Menschen und anderen Tieren. Und dann sind da noch Einflüsse, die sich gänzlich unserer Wahrnehmung entziehen, wie die für Hunde so wichtigen Geruchsinformationen.

Doch je öfter Sie Ihren Hund beobachten, desto klarer wird Ihnen sein Verhalten werden. Und dieses Verständnis führt dazu, dass Sie viele Verhaltensweisen plötzlich aus einem anderen Blickwinkel sehen. So lassen sich etliche Missverständnisse vermeiden, die die Harmonie im Zusammenleben trüben. Hunde sind eben Hunde – und so handeln sie auch. Sie tun nichts, um den Menschen das Leben schwer zu machen, sondern weil es ihnen in diesem Moment angebracht erscheint oder sich ihnen einfach eine günstige Gelegenheit bietet. Daher habe ich in diesem Buch beispielhafte Bilder aus den verschiedensten Situationen ausgewählt, die das Verhalten des Hundes erklären. Zusätzlich gibt es aber oft auch Erläuterungen für ähnliches Verhalten oder mögliche Lösungsansätze, damit Sie einen weiteren praktischen Nutzen von diesem Buch haben. Natürlich bleibt es nicht aus, dass meine Sicht trotz des Anspruchs auf Objektivität mehr oder weniger vermenschlicht ist und sich dies in den Beschreibungen wiederfindet – ich bin eben ein Zweibeiner.

Hunde sind so wunderbare Wesen, die unser Leben auf ganz vielfältige Weise bereichern. Es wäre doch schade, wenn Sie das Beste verpassen, nur weil Sie es nicht verstehen.

Typisch Hund

Gibt's das eigentlich – typisch Hund? Klar, alle Hunde haben vier Beine, die meisten eine Rute und dazu eine mehr oder weniger vorwitzige Nase, die Gerüche entdeckt, von deren Existenz der Mensch nicht einmal etwas ahnt. Hunde bellen und geben noch allerlei andere Laute von sich. Sie haben Zähne, die sie auf die verschiedensten Arten einsetzen können und ein langes, kurzes, gewelltes, gelocktes, stockhaariges oder zottiges Fell, das zum Streicheln einlädt und dessen Haare sich dekorativ in der Wohnung verteilen. Das klingt so, als wären alle Hunde gleich. Doch da muss es noch mehr geben. Schließlich reden Hundehalter am liebsten über ihre Vierbeiner. Und jeder behauptet, dass seiner ein ganz Besonderer ist.

So bin ich

Verfolgt Ihr Beagle eine Fährte oder bewacht Ihr Hovawart das Haus, will er Sie nicht ärgern – er macht einfach nur, wozu er gezüchtet wurde. Dieses Verhalten ist in seinem Erbgut gespeichert. Auch wenn es sich im Alltag manchmal als problematisch erweist, kann es nicht einfach „weg-erzogen" werden. Doch mit der richtigen Erziehung lässt es sich meist alltagstauglich managen.

WUSSTEN SIE?

Schon früh begannen die Menschen damit, bestimmte Eigenschaften der Hunde zu fördern. In den Anfängen der Domestikation geschah dies sicher unbewusst durch Bevorzugung einiger Tiere, die sich dadurch erfolgreicher fortpflanzen konnten. Später erfolgte das gezielt, indem die Zuchthunde nach festgelegten Kriterien ausgewählt wurden.

Jetzt geht ihr alle nach links!

Die Herde zusammenzuhalten liegt einem Hütehund wie dieser Gelbbacke im Blut und jede Gelegenheit dazu ist willkommen. Dabei macht er selten einen Unterschied, ob es sich um Schafe, Kühe, Enten oder Kinder handelt. Um ausgelastet zu sein, braucht er viel – allerdings angemessene – Beschäftigung für Körper und Geist. Schafe und andere Tiere sind jedoch kein Spielzeug für unausgelastete Hütehunde – für die Hütearbeit braucht es eine umfassende Ausbildung.

Ich bin schneller

Geboren, um zu rennen: Schon die kleinste Bewegung am Horizont kann ausreichen, um den Hetztrieb des Windhundes zu aktivieren. Glücklich ist der Windhund, der sich regelmäßig richtig auspowern kann. Dafür ist er im Haus ein ganz entspannter Vierbeiner.

Mir entgeht nichts

Das Warnen vor Gefahren gehört wohl zu den ältesten Aufgaben der Hunde, und dieser Spitz erledigt seinen Job gewissenhaft. Betritt ein Fremder das Grundstück, wird er vom Wachhund mit lautstarkem Spektakel gemeldet. Die Neigung zum Bellen gehört zum Wachhund dazu – ob im Eigenheim oder in einer Mietwohnung.

Ich gebe nicht auf

Dackel und Terrier sind vielseitige Jagdhunde, die sich auch im Bau von wehrhaften Gegnern wie Fuchs und Dachs beweisen. Dabei ganz auf sich allein gestellt, müssen sie entscheidungsfreudig, mutig und hartnäckig sein, wie dieser Dackel beim Buddeln. Diese Eigenschaften zeigen die cleveren Kerlchen auch im Privatleben.

Ich finde es

Mit seiner feinen Nase findet der Jagdhund jede Spur, führt den Jäger zum erlegten Wild oder bringt es wie dieser Deutsch Langhaar zu ihm. Damit das Jagdvergnügen in kontrollierten Bahnen abläuft, sind eine sorgsame Ausbildung und ausreichend Beschäftigung unerlässlich.

Das hab ich erlebt

Hunde sind durch ihre bisherigen Erfahrungen beeinflusst, haben Strategien für das Verhalten in bestimmten Situationen erlernt und je nach Vorleben vielleicht auch Ängste im Gepäck. Und doch ist es immer wieder faszinierend, wie sie sich völlig neuen Gegebenheiten anpassen und sich mit der richtigen Unterstützung ihres Menschen zu glücklichen und sicheren Vierbeinern entwickeln können.

Bei euch fühle ich mich geborgen

Im Idealfall kommt ein Hund nach reiflicher Überlegung sowie gewissenhafter Auswahl in die Familie und wird hundgerecht erzogen, um seinen Platz in der Gemeinschaft zu finden und Manieren zu lernen. Hat er zudem noch viele Kontakte mit Artgenossen und ausreichend Beschäftigung, wird er der Traumhund schlechthin, der sich bei seinen Menschen so wohl wie dieser Labrador fühlt. Schön, wenn es immer so wäre ...

Alles ist anders

Hunde, die ihr Leben an der Kette oder auf der Straße verbracht haben, sind oft unsicher im Umgang mit Menschen, doch längst nicht jeder wurde vorher misshandelt. Die Ursache für dieses Verhalten ist häufiger der bisher fehlende Kontakt mit Menschen. Hinzu kommt, dass diese Hunde bislang meist eine ganz andere Umwelt erlebt haben: Vielleicht kannten sie nur den Hof, den es zu bewachen galt, oder sie lebten nur in einem Zwinger. Der Lärm, die Hektik und die vielen Menschen in ihrem neuen Umfeld können manche überfordern.

Warum gibst du mich weg?

Am häufigsten landen Hunde im Tierheim, weil ihre Menschen mit ihnen überfordert sind. Oft ist das während der Pubertät des Vierbeiners der Fall, wenn er Grenzen austestet. Werden diese nicht gesetzt, macht der Vierbeiner, was er für richtig hält oder womit er bisher am besten durchgekommen ist. Der Hund wird zu anstrengend und abgegeben – dabei sehnt er sich doch nur nach hundgerechter Führung und versteht die Welt nicht mehr, wenn er dann abgeschoben wird.

WUSSTEN SIE?

Es kann sechs bis zwölf Monate dauern, bis ein Hund in seinem neuen Zuhause „angekommen" ist. Sein Vorleben kann viele Erklärungen für sein gegenwärtiges Verhalten geben. Doch ihm bei der Eingewöhnung mit Rücksicht darauf alles durchgehen zu lassen, wäre der ganz falsche Ansatz. Nutzen Sie lieber die Chance des Neuanfangs und achten Sie direkt nach seinem Einzug auf die Einhaltung Ihrer Regeln. Dadurch bieten Sie dem Hund einen sicheren Rahmen und Sie vermeiden die Etablierung unerwünschten Verhaltens.

Was ist das?

In der großen weiten Welt gibt es für Hunde viel zu entdecken. Manches davon ist lustig, manches aufregend und manche Umweltreize können auch schon mal zum Fürchten sein. Je mehr unterschiedliche Reize ein junger Hund in positiver Atmosphäre kennengelernt hat, desto leichter wird er auch als Erwachsener mit neuen umgehen.

WUSSTEN SIE?

Um mit Geräuschen, optischen Eindrücken, Berührungs- und Tasterfahrungen sicher umgehen zu können, muss ein Hund diese Reize auf verschiedenste Art schon jung kennenlernen und sich mehrmals und aktiv damit auseinandersetzen, bis er erwachsen ist.

Huch, ich versinke

In der Gemeinschaft mit anderen ist es leichter, Neues zu entdecken. Die Abenteuerlust der Kumpels kann ansteckend sein und ihre Freude signalisiert, dass es ein harmloser Spaß ist. Unsichere Hunde schauen oft lieber erst einmal zu.

Das fühlt sich komisch an

Auf einem Wellblech zu laufen fühlt sich für die Hundepfoten ganz anders an als auf Asphalt, einem Gitter, einer Wiese oder Plastikplane. Nutzen Sie daher jede Möglichkeit, Ihren Hund mit unterschiedlichen Untergründen vertraut zu machen, damit er sich später auf glattem Parkett genauso sicher fühlt wie auf einem Pfad durch den Wald oder einem unebenen Kiesweg.

Lustiges Ding

Jeder Welpe hat sein eigenes Tempo, wenn es um das Erkunden von unbekannten Dingen geht. Lassen Sie den Kleinen selbst entscheiden, wie forsch er vorgehen will und drängen Sie ihn nicht.

Ich habe Angst

Diese Hündin versteckt sich wegen eines nahenden Gewitters unter einem Tisch. Ängste können viele Ursachen haben, beispielsweise mangelnde oder negative Erfahrungen mit solchen Situationen, Stimmungsübertragung durch den Menschen oder Geräuschempfindlichkeit. Sucht Ihr Hund dann Ihre Nähe, sollten Sie ihm diese anbieten ohne ihn zu bemitleiden. Muntern Sie ihn eher etwas auf.

So ein merkwürdiger Mensch

Unsere Vierbeiner entwickeln ihr Menschenbild anhand der Beispiele, die sie jung kennenlernen. Begegnet ihnen ein Zweibeiner mit einem unbekannten Bewegungsablauf oder Gerätschaften wie Krücken, Rollator oder Regenschirm, kann das gerade die unsicheren Hunde aus der Fassung bringen, weil sie diesen für sie merkwürdigen Menschen nicht einschätzen können.

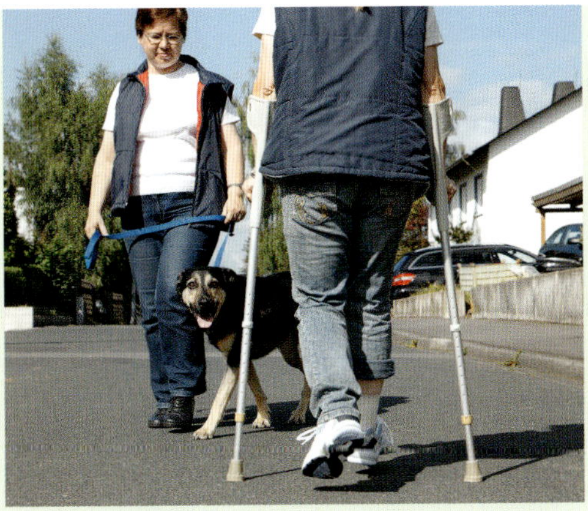

Andere Tiere

Hunde sind Beutegreifer und der Mensch macht sich ihr Jagdtalent schon seit Jahrtausenden zunutze. Da ist es kein Wunder, dass das Zusammentreffen mit anderen Tieren zur spannenden Angelegenheit werden kann. Zum Glück sind Hunde so anpassungsfähig, dass sie sich in den meisten Fällen mit unterschiedlichen Tieren arrangieren können.

Blöder Zaun

Kleine Beutetiere wie Kaninchen leben gefährlich, wenn noch Hunde im Haushalt sind. Die junge Cairn-Terrier-Hündin kennt ihre Langohren zwar schon lange und war bisher immer freundlich zu ihnen, doch ihre Jagdlust kann ganz plötzlich und unerwartet geweckt werden, beispielsweise durch einen Bewegungsreiz. Deswegen sollten Hunde und andere Kleintiere niemals ohne Aufsicht zusammen laufen dürfen.

Ich will nur mal schauen

Besonders neugierige Hunde wie dieser Mischling finden Pferde oft interessant und schnuppern auch gern einmal an ihnen. Ist das Pferd mit Hunden nicht vertraut, rennt es als Fluchttier dann meist weg. Manche Hunde finden das recht lustig, das Pferd jedoch gar nicht. Wehrt sich das Pferd und schlägt aus, kann der Hund schwer oder schlimmstenfalls sogar lebensgefährlich verletzt werden.

Sind die groß!

Hunde sind von den großen Kühen oft beeindruckt und sehen zu, dass sie schnell an ihnen vorbeikommen. Hütehunde hingegen rennen manchmal auf die Weide und treiben die Herde zusammen – dabei kann sich eine Kuh leicht ein Bein brechen oder den Hund angreifen, ein gefährliches Spiel für alle Beteiligten. Andere Hunde wagen sich wegen der leckeren Kuhfladen auf die andere Seite des Zauns, auch das kann zu Ärger mit den Kühen führen.

Wieso haut die ab?

Hund und Katz haben verschiedene Sprachen und müssen diese erst verstehen lernen, sonst wird es nichts mit der Harmonie. Dazu kommt: Katzen passen gut in das Beuteschema vieler Hunde und eine spontane Verfolgungsjagd – vielleicht ausgelöst durch einen Bewegungsreiz der Mieze – ist immer amüsant. Werden die Tiere jung aneinander gewöhnt, kann die zwischenartliche Zuneigung jedoch groß sein.

WUSSTEN SIE?

Ist ein Hund mit den Katzen seines Haushalts verträglich, bedeutet das noch lange nicht, dass dies auch für fremde gilt. Während er mit der eigenen Mieze innig kuschelt, werden vielleicht alle anderen energisch vom Grundstück vertrieben.

Ich fang dich

Für Hunde ist es sehr reizvoll, einer interessanten Fährte oder einem sich bewegenden Objekt zu folgen. Abgesehen davon, dass es endlich Gelegenheit bietet, sich so richtig auszupowern, macht es auch Spaß: Beim Rennen werden Glückshormone freigesetzt und wenn der Hund diesen Kick einmal erlebt hat, möchte er das so oft wie möglich wiederholen.

WUSSTEN SIE?

Der Ablauf einer klassischen Jagdszene besteht aus einzelnen, genetisch fixierten Abschnitten: Beute suchen – orten – fixieren – anpirschen – hetzen – packen – töten – zerreißen – fressen. Durch die Zucht wurden manche davon in den Vordergrund gerückt und/oder andere zurückgedrängt. Jagdhunde dürfen die Beute weder zerreißen noch fressen, bei manchen soll die Sequenz sogar beim Fixieren (Vorstehen) enden.

Ich bin dann mal weg

Plötzlich ist der Dackel weg – und wenn es gut läuft, kommt er früher oder später wieder glücklich zurück. Jagen entspricht eben der Veranlagung dieses Jagdhundes und es gibt für ihn kaum etwas Schöneres, als einer vielversprechenden Duftspur zu folgen oder im Unterholz zu stöbern. Die Jagdleidenschaft ist je nach Rasse und individuell von Hund zu Hund unterschiedlich groß. Richtig erzogen, bleiben viele jagdlich motivierte Hunde im Freilauf abrufbar, auch wenn dies beispielsweise bei vielen Beagles, Podencos oder Stöberhunden eine große Herausforderung ist und bleibt. Bei manchen Rassen wie Retrievern verbessert sich die Prognose der Kontrollierbarkeit im Freilauf, wenn sie bis zum etwa 18. Lebensmonat weder Wild gehetzt noch eine andere beeindruckende Jagderfahrung gemacht haben.

Gleich krieg' ich dich!

Den Kick bekommen Hunde nicht nur beim Packen oder Töten einer Beute, sondern auch beim Hetzen. Und ein sich schnell davonmachender Radfahrer ist ein lohnenswerter Bewegungsreiz. Läuft der Hund hinterher, wird er oft hektisch gerufen und steht plötzlich im Mittelpunkt: Alles in allem eine lustige Veranstaltung für den Vierbeiner. Hat er einmal diese Erfahrung gemacht, wird sie zum Selbstläufer. Jagt Ihr Hund Radfahrer, Jogger und Co., hilft nur die Unterstützung eines guten Hundetrainers, um dies wieder in den Griff zu bekommen.

Ja, wo läuft er denn?

Der Podenco schaut dem Jogger zwar hinterher, ist aber nicht besonders angespannt, denn für ihn ist diese Begegnung nichts Aufsehenerregendes. Diese Gewöhnung an das Alltägliche können Sie trainieren, indem Sie dem Interesse für Jogger und Radfahrer schon beim jungen Hund in ungefährlichen Situationen keine Beachtung schenken. Dadurch werten Sie die Begegnung nicht noch zusätzlich auf. Achten Sie trorzdem darauf, dass Ihr Hund keine Jogger, Spaziergänger etc. belästigt. Rufen Sie den Vierbeiner im Zweifelsfall heran und leinen Sie ihn an. Viele Passanten werden Ihnen die Rücksichtsnahme danken.

Mein Haus, mein Auto ...

In einem Hunderudel ist das Bewachen der Job aller. Wenn ein Hund einen Eindringling meldet, kommen die anderen rasch dazu. Die Vierbeiner machen bei diesem sogenannten territorialen Verhalten keinen Unterschied, ob sie nur mit Artgenossen oder auch mit Menschen zusammenleben: My home is my castle und da pass ich auf!

Mir entgeht nichts

Ein strategisch guter Platz auf der Treppe oder der Türschwelle bietet beste Aussicht und ist daher bei vielen Hunden sehr begehrt. Dort liegen zu dürfen kann durchaus ein Privileg sein. Dieser Vierbeiner nimmt seinen Job sehr ernst und wacht mit Argusaugen über das Anwesen.

Da kommt jemand!

Schimpfen Sie Ihren Hund nicht aus, wenn er seiner Aufgabe als Türsteher mit Eifer nachgeht. Doch auf Ihr Signal hin, dass alles in Ordnung ist, sollte er das Bellen einstellen. Übertreibt ein Hund es aber, können gut gezielte Spritzer mit der Wasserpistole als Unterbrecher dienen, und Sie haben dann Gelegenheit, ihn auf seinen Platz zu schicken. Oder Sie bringen Ihrem Hund bei, auf Kommando zu bellen und auf ein anderes Kommando hin wieder aufzuhören.

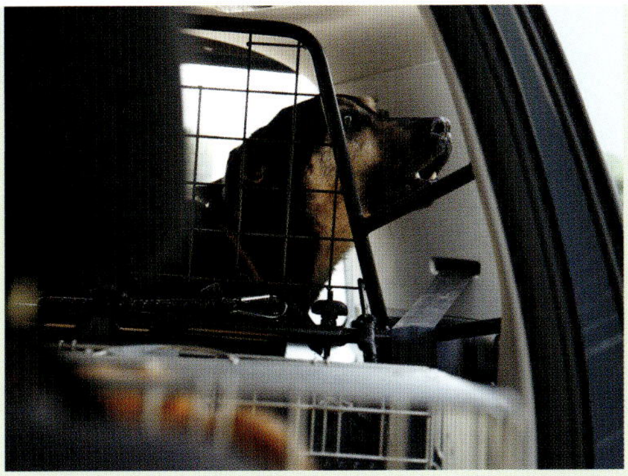

Komm ja nicht zu dicht ran!

Das Auto ist für den Hund nichts anderes als ein Haus auf Rädern, das es zu bewachen gilt. Durch die gute Rundumsicht entgeht diesem Vierbeiner nichts und er hat reichlich Anlass zu bellen. Auch hier kann die Wasserpistole hilfreich sein – während der Fahrt sollte sie natürlich vom Beifahrer bedient werden.

Der kapiert's einfach nicht

Jeden Tag betritt der Postbote das Revier des Hundes und wird vom Vierbeiner lautstark und erfolgreich vertrieben. Doch der Uniformierte kapiert es aus Sicht des Hundes einfach nicht und kommt immer wieder. Kein Wunder, dass der Hund zunehmend heftiger reagiert. Besser ist es, wenn Postbote und Hund sich frühzeitig anfreunden.

WUSSTEN SIE?

Das Bewachen des Territoriums ist ein ganz normales Verhalten. Unterbinden Sie es daher nicht komplett, sondern versuchen Sie, es in die richtigen Bahnen zu lenken. Wurde Ihr Hund zum Bewachen gezüchtet und soll er nicht so viel bellen, sollte er nicht ständig auf den strategisch besten Plätzen liegen, sonst kann es passieren, dass seine Wachsamkeit sich nicht mehr kontrollieren lässt.

Rund ums Fressen

Die Ernährung ist eine der Grundlagen für ein langes und gesundes Hundeleben. Daher gibt es auch viele verschiedene Ansichten darüber, welches Futter das richtige ist. Dogmatische Vorgaben sind allerdings fehl am Platz, denn es ist individuell verschieden, was einem Hund bekommt und was nicht. Und die Vierbeiner haben da sowieso ganz andere Vorstellungen als die Zweibeiner.

Das ist meins

Diese Hündin toleriert den Welpen beim Fressen. Ob ein Hund seinen Napf mit anderen teilt, ist individuell verschieden und hängt ganz davon ab, wie wichtig ihm sein Futter ist. Meist wird eher mit im Haushalt lebenden Artgenossen geteilt als mit fremden. Eine Rangordnung, wenn es ums Futter geht, haben Hunde nicht – wer Hunger hat, der nimmt sich, was er bekommen kann. Sie untergraben also nicht Ihre Führungsrolle, wenn Sie Ihren Vierbeiner füttern, bevor Sie Ihre Mahlzeiten einnehmen.

Dann nehm' ich's

„Wenn's keiner will, nehm' ich es mir!" So könnte das Motto dieses dreisten Diebes lauten. Und – wenn man ehrlich ist – hat er ganz recht, denn Gelegenheit macht Diebe. Hunde wissen genau, ob ihr Mensch sie gerade beobachtet oder nicht und viele warten geduldig ab, bis sich die Chance auf eine ergaunerte Zwischenmahlzeit bietet. Zahlreiche Vierbeiner haben ihre Menschen dazu erzogen, ordentlicher zu werden und nichts Essbares in ihrer Reichweite stehen zu lassen. Doch nicht alle Hunde haben diese räuberische Veranlagung, sie begnügen sich mit dem, was ihr Mensch ihnen gibt.

Mmmhhhh, super lecker

Auch wenn wir unsere Vierbeiner über alles lieben und sich über Geschmack nicht streiten lässt – ihre kulinarischen Vorlieben verderben uns manchmal den Appetit. Viele Hunde nehmen, was sie kriegen können und machen dabei auch vor Pferdeäpfeln, Schafsmist, Aas etc. keinen Halt. Tatsächlich gehört Kot zum Nahrungsspektrum der Wildcaniden und in diesen Überresten finden sich noch brauchbare Nährstoffe, leider jedoch auch manchmal Parasiten und Krankheitserreger. Es wird noch diskutiert, ob den Kot fressenden Hunden Nährstoffe fehlen. Auf jeden Fall scheint es aber zu schmecken. Vorsicht gilt jedoch bei Hunden mit einer bestimmten Erkrankung (MDR1-Defekt), da sie durch den Verzehr des Kots frisch entwurmter Tiere lebensgefährlich erkranken können.

WUSSTEN SIE?

Welpen probieren Kot anfangs meist aus Neugier. Spannend wird es oft erst durch den Menschen: Er hüpft dann meist sofort hin, zieht den kleinen Racker fort oder lockt ihn mit Leckerchen weg. Das wiederholt sich: Hund frisst – Mensch hüpft – das Spiel wird immer lustiger und sichert dem Welpen Aufmerksamkeit.

Wieso Kauen so toll ist

Junge Hunde entdecken ihre Umwelt nicht nur mit Hilfe ihrer Augen und ihrer Nase, sondern über den Tastsinn auch mit Maul und Gebiss. Was sie nicht kennen, wird oft erst einmal zur genaueren Untersuchung zwischen die scharfen Milchzähnchen genommen. Im Lauf der Jahre entwickelt zwar jeder Vierbeiner seine Vorlieben, doch zu kauen begeistert fast alle Hunde bis ins hohe Alter.

Ich krieg dich klein

Hunde finden Kauknochen am besten, wenn sie tierischer Herkunft sind, wie Rinderohren, Rinderhautknochen und Co. Ganz nebenbei wird die Kaumuskulatur gestärkt und die Reibung unterstützt die Zahnreinigung. Doch selbst die fast zahnlose Lizzy bearbeitet mit Hingabe ihren Ochsenziemer. Die gleichmäßigen Bewegungen wirken beruhigend, was insbesondere nach einer Stresssituation zur Entspannung genutzt werden kann. Besonders eifrige Kerlchen können sich allerdings richtig in Rage kauen.

WUSSTEN SIE?

Jeder Hund hat eine andere Technik, wie er seinen Kauknochen bearbeitet. Manche kauen zuerst jeweils die Enden an, andere arbeiten sich von einem Ende bis zum anderen durch und einige schälen sogar zuerst geschickt die dünne Haut vom Ochsenziemer.

Mein Lieblingsstöckchen

Auf Stöckchen lässt es sich prima kauen und manche Hunde fressen sogar davon, obwohl die Zellulose des Holzes nicht verdaut werden kann. Doch Vorsicht: Splitter können zu Verletzungen in Rachen und Hals führen. Mit allem, was sich kauen lässt, kann der Vierbeiner vor seinen Artgenossen prima angeben, wie es der Welpe links vormacht. Während ein Hund seinen Kauknochen allerdings meist nur ungern hergibt, wird mit einem Stöckchen häufig ein lustiges Hol's-dir-doch-Spiel begonnen.

Ich will Spaß

Kauen hilft gegen Langeweile, deswegen probieren gerade junge Hunde ihre Zähnchen aus, wenn sie wie dieser Dackel momentan nichts Besseres zu tun haben. Während des Zahnwechsels ist das Kaubedürfnis besonders groß. Bieten Sie Ihrem Hund in dieser Zeit mit Kauprodukten ausreichend Möglichkeit dazu, damit er sich nicht an Ihrem Inventar vergreift. Erwischt er doch einmal Ihre Lieblingsschuhe, sollten Sie das direkt mit einem entsprechenden Signal unterbinden und ihm etwas später eine erlaubte Alternative anbieten.

Das tut gut

Hunde versuchen immer, dem Leben die besten Seiten abzugewinnen und können echte Genießer sein. Dazu gehören viele Elemente der eigenen Körperpflege (Autogrooming oder Komfortverhalten), wie sich zu räkeln, zu kratzen, zu reiben, zu wälzen oder zu schütteln und der sozialen Körperpflege (Allogrooming), wie das zärtliche Lecken des Hundefreundes oder des vertrauten Menschen.

Geh mir aus der Sonne

Sonnenbaden ist nicht nur eine Leidenschaft der Zweibeiner, auch die Vierbeiner schätzen es, die behagliche Wärme zu spüren. Gerade im Frühjahr, wenn es endlich nicht mehr kalt ist, nutzen manche Hunde jeden Sonnenstrahl und wandern mit dem Verlauf der Sonne, um sich immer den wärmsten Platz zu sichern. Besonders Hunde mit Arthrose profitieren von dieser Wärmekur.

WUSSTEN SIE?

Hunde führen dieses Behaglichkeitsverhalten nur aus, wenn sie sich rundherum wohl und nicht gestört fühlen. Zeigt ein Hund es nicht, können Stress oder gesundheitliche Beschwerden die Ursache sein. Dann sollte ein Tierarzt oder ein guter Hundetrainer zu Rate gezogen werden. So kann eingeschränktes Strecken beispielsweise auf eine Erkrankung der Gelenke oder der Wirbelsäule hinweisen.

Das hab ich gebraucht

Das Wälzen im Gras ist wie eine belebende Massage und macht einfach Spaß. Coole Hunde wie dieser Barsoi demonstrieren damit in Gegenwart von Artgenossen auch gern ihr Selbstbewusstsein: Schaut her, was ich mir erlauben kann. Und dann gibt es natürlich die Variante, sich in Aas oder im Kot anderer Tiere zu wälzen. Warum Hunde dies machen, ist noch nicht geklärt, vielleicht parfümieren sie sich damit ein.

Ich brauch noch einen Moment

Sich nach einem verträumten Schläfchen oder einer gemütlichen Pause zu strecken, bringt die Muskeln auf Trab, regt den Stoffwechsel an und hilft dem Hund, wach zu werden. Es dient dem Wohlbefinden und der Gesunderhaltung. Hundesenioren wie dieser Mops sind nicht mehr immer ausreichend beweglich für das komplette Streckprogramm und freuen sich, wenn sie durch regelmäßige Massagen unterstützt werden.

Gefällt dir das?

Zärtliches Beknabbern wie bei diesen beiden dient nicht nur der Körperpflege, sondern ist auch ein deutlicher Ausdruck von Sympathie. Es ist faszinierend zu beobachten, wie fein dosiert die Hunde dafür ihre Vorderzähne einsetzen. Diese Geste dient genau wie das gegenseitige innige Belecken der Ohren der Beziehungsfestigung.

Das ist mir wichtig

Jeder Hund hat andere Dinge (Ressourcen), die ihm wichtig sind. Von diesen Prioritäten ist es auch abhängig, ob ein Vierbeiner bereit ist, diese zu verteidigen und dadurch eine Auseinandersetzung zu riskieren.

Du kriegst es nicht

Spielzeug ist eine beliebte Ressource, mit der Hund auch prima angeben kann. Sind mehrere Hunde zusammen, birgt es jedoch auch ein großes Konfliktpotenzial. Miteinander gut bekannte Hunde wie diese hier balgen sich meist freundschaftlich um Gummihuhn, Ball und Co., trotzdem kann auch bei diesen aus Spiel einmal Ernst werden. Spielzeug sollte deswegen nicht zur Verfügung stehen, wenn beim Spaziergang fremde Hunde dabei sind oder Hunde zu Besuch kommen.

WUSSTEN SIE?

Besitz kann auch belastend sein. Manche Hunde schaffen es nicht, in Ruhe an ihrem Kauknochen zu knabbern und sich zu entspannen, wenn noch ein Artgenosse dabei ist. Ständig schielen sie zum anderen hinüber: Artet dies in Stress für die Hunde aus, sollten Kauknochen nur dosiert und in getrennten Räumen angeboten werden.

Lass es stehen

Der Mensch sollte jederzeit in der Lage sein, den gefüllten Futternapf, den Kauknochen oder beispielsweise das Spielzeug seines Hundes an sich nehmen zu können – manchmal muss das sein. Dies aus Testzwecken gelegentlich zu üben, ist durchaus sinnvoll. Wird es jedoch übertrieben, gibt man dem Hund damit einen Grund zur Verteidigung, schließlich wird ihm ständig sein Futter weggenommen.

Bitte nicht stören

Ihr Mensch ist für viele Hunde eine wichtige Ressource. Die Nähe zum Zweibeiner ist daher ein Privileg und wird von manchen Vierbeinern vehement verteidigt, was auch oft als Eifersucht bezeichnet wird. Der Mensch sollte seinen Hund so sicher führen können, dass er die Entscheidung trifft, ob er andere Hunde streichelt oder nicht.

Mein Lieblingsplatz

Bett und Sofa werden in Hundehalterkreisen heiß diskutiert. Darf der Hund auf diesen privilegierten Plätzen liegen oder nicht? Solange der Hund ohne Diskussion Sofa und Bett freimacht, wenn der Mensch sich dort niederlassen will und es deswegen auch sonst keine Konflikte gibt – warum nicht? Legen Sie Ihrem Vierbeiner doch eine Decke auf das Sofa, darauf darf er liegen.

Ist gar nicht schlimm

Der Besuch beim Tierarzt beschert auch dem tapfersten Hund einen schnelleren Puls. Kein Wunder: Merkwürdige Geräusche und Gerüche, aufgeregte Artgenossen, hektische Menschen und nicht zu vergessen der Zweibeiner im weißen Kittel, der beim letzten Mal mit einem spitzen Ding in den Hundepo gestochen hat – all das trägt nicht zu einer entspannten Atmosphäre bei. Wer kann da schon cool bleiben?

Au weia!

Der Sheltie im Wartezimmer wirkt nicht entspannt, obwohl sein Frauchen ihn streichelt und tröstend auf ihn einredet. Doch die wohl gemeinten Gesten tragen nicht zur Beruhigung des Hundes bei – im Gegenteil! So gut, dass seine Besorgnis dem Hund verborgen bleibt, kann sich kein Mensch verstellen. Die Besorgnis überträgt sich auf den Hund (Stimmungsübertragung), der sich zunehmend verunsichern lässt.

WUSSTEN SIE?

Wenn Sie schon zu Hause viel Trara um den bevorstehenden Tierarztbesuch machen, wird gerade der unsichere Hund schnell Lunte riechen. Gehen Sie so lange wie möglich Ihrer üblichen Tätigkeit nach, machen Sie vorher noch einen Spaziergang und vermeiden Sie alles, was den Vierbeiner auf das anstehende Ereignis hinweisen könnte.

Ist was?

Stimmungsübertragung positiv nutzen: Diesmal ist der Sheltie entspannt und der junge Dalmatiner liegt sogar relaxed auf dem Boden. Die Menschen plaudern locker miteinander und zeigen keine Anzeichen von Besorgnis, was natürlich auch die Hunde bemerken. Oft hilft es auch, mit dem Hund einfache Übungen zu machen oder mit ihm ruhig zu spielen, damit erst gar keine Aufregung aufkommt.

Für dich!

Ein Leckerbissen im richtigen Moment hat schon oft das Eis gebrochen. Viele Tierärzte haben es sich zur Gewohnheit gemacht, den vierbeinigen Patienten nicht direkt mit Stethoskop und Spritze zu Leibe zu rücken, sondern sie nehmen sich vor der Untersuchung Zeit für ein ungezwungenes Kennenlernen. Bei dieser Terrierhündin klappt's. Besuchen Sie mit Ihrem Hund die Tierarztpraxis, wenn noch gar keine Behandlung ansteht. Dann kann er sich in Ruhe umsehen, bekommt Leckerchen und findet die Angelegenheit vielleicht sogar ganz lustig.

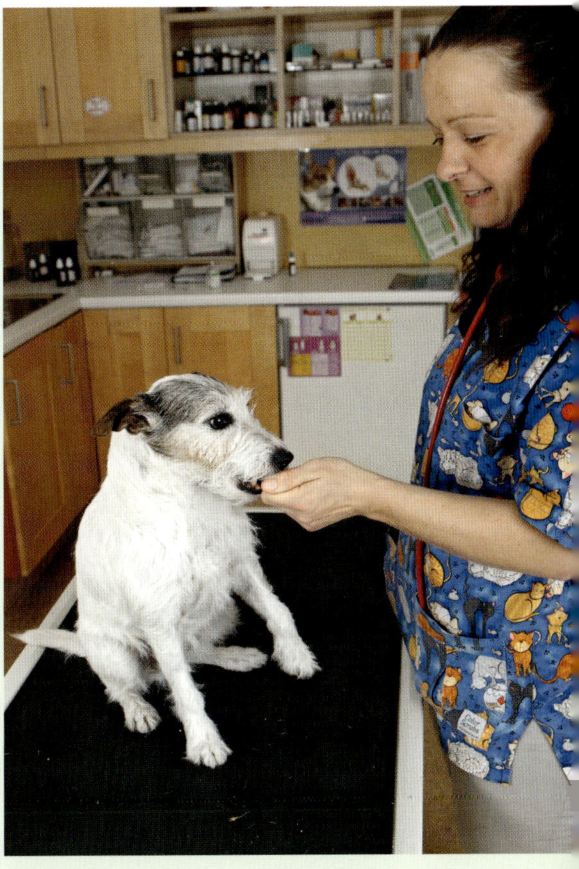

Alt – na und!

Viele Jahre hat Ihr treuer Freund Sie begleitet. Nun wird seine Schnauze weiß, er kann nicht mehr so schnell laufen wie früher, es stellen sich vielleicht gesundheitliche Probleme und manche Eigenheit ein. Doch er genießt das Zusammensein mit Ihnen und freut sich über jede Zuwendung, die Sie ihm geben. Genießen Sie die gemeinsame Zeit, denn sie ist kostbar.

WUSSTEN SIE?

Im Alter treten auch bei Hunden häufiger Beschwerden und Erkrankungen auf. Das ist zwar alterstypisch, doch mit der richtigen Behandlung kann vielen Hunden geholfen werden. Verhaltensveränderungen können Anzeichen von Schmerzen, Erkrankungen oder Demenz sein. Lassen Sie Ihren Senior daher vom Tierarzt untersuchen, wenn er sich auf einmal ungewohnt verhält.

Bitte nicht stören

Schlafen und Dösen nehmen immer mehr Zeit im Leben eines betagten Hundes ein. Manche Vierbeiner träumen dann mehr, auf jeden Fall ist ihr Schlaf viel tiefer. Gönnen Sie Ihrem alten Freund seine Ruhepausen, die er sich redlich verdient hat.

Ich schaff' das!

Wie diese Hündin wollen die meisten alten Hunde beim Spaziergang mithalten, auch wenn es ihnen wegen Gelenkproblemen oder anderer Beschwerden manchmal schwer fällt. Gehen Sie mit Ihrem betagten Vierbeiner nicht mehr so lang am Stück spazieren, dafür aber häufiger. Legen Sie auch viele Pausen ein, damit der Hund sich zwischendurch ausruhen kann.

Mein Gefährte

Mensch und Hund wachsen im Lauf der Jahre zusammen und gewinnen an Vertrautheit. Man kennt sich einfach und braucht nicht mehr viele Worte oder Gesten, um sich zu verständigen. So genießt der Senior hier die innige Umarmung seines kleinen Freundes, auch wenn er das von Fremden sonst nicht mag.

Juhuuu!

Vierbeinige Senioren leben auf, wenn sie im Rahmen ihrer Möglichkeiten gefordert werden. Bringen Sie mit altersgemäßen Ausflügen und Spielen Abwechslung in das Rentnerdasein. Die zwölfjährige Lisa ist dann immer ganz stolz, auch wenn sie den Dummy nur tragen darf. Und sie zeigt dem jungen Gemüse, wie es richtig geht.

Macht mir nichts

Im Alter lassen die Sinne nach. Oft ist dieser Prozess schleichend und die Hunde können den Verlust eines Sinnes gut ausgleichen. Auch diese blinde Labradorhündin hat nach wie vor viel Spaß am Leben und lässt sich gut mit akustischen Signalen durch den Alltag führen. Sie erschreckt jedoch leicht, wenn sie unverhofft angefasst wird, deswegen sollte das mit einem Wort angekündigt werden.

Hund & Hund

Von den Hunden können die Menschen noch viel lernen. Die klare und direkte Art, wie sie miteinander umgehen, ist vorbildhaft. Die Fähigkeit zu diesem sozialen Verhalten ist den Vierbeinern zwar angeboren, doch ein junger Hund muss erst noch lernen, welches Benehmen sich gehört und welches nicht. Um sich zu einem sicheren Hund zu entwickeln, braucht er unbedingt ausreichend Kontakt zu Seinesgleichen. Dabei geht es oft auch richtig deftig zur Sache. Ist das noch Spiel oder schon Ernst? Viele Hundehalter sind sich bei der Einschätzung unsicher. Je mehr Sie über Hunde wissen und je genauer Sie Ihren eigenen Vierbeiner beobachten, desto besser werden Sie sein Verhalten deuten können.

Wer bist du?

Hundebegegnungen laufen am friedlichsten ab, wenn die Tiere – sofern sie gut sozialisiert sind – sich ohne Leine treffen. Diese Binsenweisheit darf jedoch nicht zum Freifahrtschein für unkontrollierten Freilauf werden. Jede Regel hat ihre Ausnahme und die Fairness sollte immer gewahrt werden.

Hey du

So sieht eine lässige Hundebegegnung aus: Die Vierbeiner nähern sich freundlich und relaxed an, sind nicht sonderlich angespannt, halten höflichen Abstand, wedeln dezent und riechen unaufdringlich aneinander. Nach dem ersten Beschnuppern ging der Afghane weiter seines Weges und der Dackel nutzte die Gelegenheit, um mit der Urlaubsbekanntschaft eine Runde über den Strand zu toben.

WUSSTEN SIE?

Damit die Hundebegegnung ohne Leine friedlich verlaufen kann, brauchen die Vierbeiner Platz, sodass jeder die Chance hat, dem anderen aus dem Weg zu gehen. Kritisch wird es oft bei Hundetreffen auf eingezäuntem Gelände, wie manchen Freilaufflächen. Dort gibt es immer Platzhirsche, die alles für sich beanspruchen und Neuankömmlinge oder Schwächere schikanieren. Für die Beobachter sieht das dann oft aus wie ein lustiges Spiel.

Na Süße

Beschnuppern gehört zum Kennenlernen dazu. Besonders bei der Ano-Genital-Kontrolle, dem Riechen an Anal- und Genitalbereich, erfahren die Hunde viel über ihr Gegenüber. Die Hündin duldet das aufdringliche Beschnuppern des Olde-English-Bulldogge-Rüden. Ihr demonstratives Desinteresse kann eine Strategie sein, um den Verehrer nicht noch mehr zu animieren.

Hau doch nicht ab

Höfliche Hunde preschen nicht direkt auf andere zu, sondern nähern sich in einem leichten Bogen an. Die Hündin links hat diese Regeln in ihrem Ungestüm und ihrer Aufregung vergessen. Die kleine Hündin findet das gar nicht lustig und flüchtet. Schafft ein Hund es nicht, sich der Aufdringlichkeit eines anderen zu entziehen, sollte sein Mensch ihm dabei helfen.

Was hast du drauf?

Umrunden mit erhobener Rute ist besonders bei der ersten Begegnung von Rüden zu beobachten. Die Hunde schauen sich genauer an und schätzen sich ein. Jeder will sich möglichst gut und eindrucksvoll darstellen. Während dieses Ringelreihens stellt sich auch oft einer vor den anderen, um dessen Bewegungsspielraum einzuschränken und so den Ton anzugeben. Noch ist es hier ganz offen, ob weitere Interaktionen folgen.

Komm spielen

Ohne Spielen geht es nicht. Welpen und Junghunde müssen spielen, um sich zu fitten Hunden zu entwickeln und die Umgangsregeln mit Vier- und Zweibeiner zu lernen. Und auch die Erwachsenen profitieren davon: Spielen stärkt die Beziehung zum Sozialpartner, hält den Geist wach – und macht einfach Spaß.

1:0 für mich

Spielen hilft jungen Vierbeinern, ihre Motorik zu verbessern und ihren körperlichen Einsatz zu dosieren. Würde der Dalmatinerwelpe seinen Doggenfreund zu fest beißen, hätte er bald keinen Spielkumpel mehr – er schult so seine Beißhemmung. Dadurch muss er Spielregeln lernen, damit der Spaß weitergeht.

Ich hab's – nein ich

Allein mit einem Spielzeug zu spielen kann Spaß machen, zu zweit ist es jedoch viel lustiger. Der Rauhaardackelwelpe konnte den kleinen Langhaardackel dazu animieren, sich mit ihm um die Beute zu balgen. Nun beginnt ein spannendes Zerrspiel.

WUSSTEN SIE?

Spiel ist gekennzeichnet durch übertriebene und bunt gemischte Bewegungen, Mimik und Aktionen aus den verschiedensten Lebensbereichen, wie Jagd und Sozialverhalten. Echtes Spiel erkennen Sie daran, dass jeder der Hunde das Spiel jederzeit beenden kann, ohne vom anderen attackiert zu werden.

Jetzt komm ich!

Bei Junghunden wird oft mit vollem Einsatz getobt, besonders wenn die Partner sich kräftemäßig ebenbürtig sind und gerade Retriever wie diese beiden hier lieben meist körperbetontes Spiel. Beim Spielen lernen Hunde Lösungsmöglichkeiten für die verschiedensten Situationen und deren schnelle und flexible Anwendung.

Wie wär's mit einer Runde?

Die Vorderkörpertiefstellung des Golden Retrievers mit der gesenkten Brust, dem erhobenen Hinterteil und der wedelnden Rute ist eine hundetypische Einladung für eine Spielrunde. Der Berner Sennenhund weiß noch nicht, ob er mitmachen soll. Die Spielaufforderung wird auch häufig genutzt, um einer Situation die Spannung zu nehmen.

Ha, ich bin oben

Typisch ist auch der Rollentausch der beiden Spielpartner: Abwechselnd gibt einer das „Häschen“ und der andere den Jäger, oder der kräftemäßig überlegene Vierbeiner spielt dann den unterlegenen. Würde dieser Labrador Retriever seine körperliche Stärke gegenüber dem Dackel immer ausspielen, hätte der Kleine sicher kein Interesse mehr an lustigen Raufereien. So hält sich der Retriever etwas zurück. Das macht die Sache spannend und beide haben Spaß.

Ich bin toll

Hunde haben verschiedene Strategien, um sich gegenüber Artgenossen darzustellen, anzugeben oder den anderen gewieft in seine Schranken zu weisen. Um zu sehen, wie das Gegenüber tickt und seine eigenen Stärken zu betonen, reicht die Palette der Vierbeiner vom scheinbaren Spiel über lautstarke Raufereien bis hin zu eindeutigen Gesten.

Du hast hier nichts zu sagen

Aufreiten hat nicht immer einen sexuell motivierten Hintergrund und auch Hündinnen zeigen es, so kann es beispielsweise dem Stressabbau dienen, eine Stereotypie, Dominanzgeste oder einfach Spiel sein. Die Terrierhündin rechts schindet damit Eindruck und stärkt ihren Status bei der jungen Hollandse Herdershond-Hündin, die sich das auch gefallen lässt.

Willst du's wirklich drauf ankommen lassen?

Zwei Rüden auf dem Ego-Trip: Beide haben eine große Körperspannung, die Ruten stehen statisch in die Luft und die Vorderbeine sind durchgedrückt, was die Körpergröße betont. Jeder sagt: „Ich bin auch wer, wenn du Streit willst, kannst du ihn haben." Wendet sich einer der Rüden ab und geht lässig weiter, akzeptiert er damit nicht zwangsläufig die Stärke des anderen. Vielmehr spricht das oft für ein gutes Nervenkostüm.

Siehst du, wie stark ich bin

Bei der spielerischen und entspannten Rauferei geben die beiden Dackel sich nichts. Trotzdem kann dabei auch immer indirekt die Mitteilung gegeben werden: „Ich könnte, wenn ich wollte", was durchaus der Klärung der eigenen Position dienen kann. So hilft das Spiel auch, den anderen einzuschätzen.

Ich bin schneller

Rennspiele eignen sich hervorragend, um die Kondition des anderen zu testen und die eigene zu demonstrieren. Hier macht es dem Boston Terrier viel Spaß, den jungen Bernhardiner über die Wiese zu hetzen und er fühlt sich dabei richtig groß.

Mit dir nehme ich's auf!

Kämpfe wie bei diesen beiden Rüden mit viel Bewegung und Getöse sehen oft dramatischer aus, als sie sind. Bei diesen Schaukämpfen geht es um ein Kräftemessen auf höherer Ebene, aber in der Regel ohne die Absicht, den anderen ernsthaft zu verletzen.

WUSSTEN SIE?

Schaukämpfe unter Hundemännern sind nichts Ungewöhnliches, auch wenn es manchmal Kratzer gibt. Hormongesteuerte Rüden klären die Fronten eben gern mit körperlichem Einsatz, schließlich sind sie ganze Kerle, die sich nicht zum Kaffeekränzchen treffen. Gefährlich wird's meist dann, wenn die Hunde leise und die Bewegungen weniger werden.

Du hast recht

Der Klügere gibt nach – das gilt auch für Hunde. Die Vierbeiner haben verschiedene Lösungsmöglichkeiten für heikle Situationen. Wer signalisiert, dass er aufgibt und damit die momentane Überlegenheit des Gegenübers anerkennt, ist nicht zwangsläufig schwach, sondern durchaus clever.

Ich brauch eine Pause

Spiel unter Junghunden: Dem Magyar Vizsla rechts wurde die Toberei mit dem körperlich deutlich überlegenen Bloodhound zu wild und er braucht eine Auszeit. Dies signalisiert er durch eine Unterwerfungsgeste, indem er sich auf den Rücken legt und die Ohren ganz zurücknimmt.

Nicht motzen, lieber spielen

Der Dackel rechts zeigt viel Körperspannung mit durchgedrückten Vorderbeinen, gleichzeitig sind seine Ohren zurückgelegt, was ihn schwer einschätzbar für den anderen macht. Daher versucht der sich klein machende Dackel links die Situation durch das Angebot eines lustigen Bewegungsspiels aufzulösen. Schon durch seine geduckte Körperhaltung signalisiert er seinem Gegenüber, dass er nicht auf Streit aus ist.

Schau, wie lieb ich bin

Der Welpe nervt seine Tante, die schon leicht ungehalten wirkt. Indem er ihr die Schnauze leckt, versucht er sie zu beruhigen. Doch seine erhobene Rute weist darauf hin, dass er trotzdem auf mehr Aufmerksamkeit hofft. Es kann auch durchaus sein, dass die Tante es genießt, derart hofiert zu werden.

WUSSTEN SIE?

Viele Beschwichtigungssignale leiten sich aus dem Welpenverhalten ab. So fordern Welpen ihre Mutter zum Hervorwürgen von Futter auf, indem sie ihr die Schnauze lecken. Auch Pföteln kann je nach Situation der Beruhigung dienen: Es hat seinen Ursprung im Milchtritt der an der Zitze saugenden Welpen, die damit den Milchfluss anregen. Zeigt ein erwachsener Hund diese Signale, hängt deren Bedeutung von der Gesamtsituation ab: Sie dienen nicht immer der Beruhigung, sondern können beispielsweise Ausdruck eines inneren Konflikts sein.

Okay, ich hab's verstanden

Der junge Hund in der Mitte war etwas zu frech im vorangegangenen Spiel mit den großen, die ihn daraufhin gemaßregelt haben. Er zeigt, dass er verstanden hat und sich benehmen wird, indem er sich hinlegt, duckt und dadurch ganz klein macht. Auch das Lecken der eigenen Schnauze ist eine Geste, die der Beruhigung der Situation dienen soll.

Ich bin entschlossen!

Drohverhalten gehört zur normalen Kommunikation der Hunde. Es soll meist Distanz schaffen und dadurch ernstere Konflikte und die Gefahr von Verletzungen von vornherein vermeiden. Dazu gehören das Runzeln der Schnauze, Knurren, Zähne zeigen, Abwehrschnappen und eine starke Körperspannung.

WUSSTEN SIE?

Sogenannte angstaggressive Hunde, die in bestimmten Situationen schnell knurren oder schnappen, wissen oft keinen anderen Ausweg mehr. Manchmal haben sie die Erfahrung gemacht, dass sie damit zum gewünschten Ziel kommen: Das Gegenüber hält Abstand. Daraus entwickeln sie eine Strategie, die sie immer einsetzen, wenn sie sich einen Vorteil davon versprechen. Um dieses Verhalten zu ändern, müssen sie andere Lösungsmöglichkeiten für vermeintliche Konflikte lernen.

Lasst mich in Ruhe

Kurz zuvor haben die drei Basset Hounds noch wild getobt, bis das Spiel gekippt ist und die zwei älteren gemeinsame Sache gegen den dritten gemacht haben. Er wurde auf den Boden gedrückt und fühlt sich von den stark und zielgerichtet wirkenden Artgenossen in die Enge getrieben. Es weiß sich nur noch mit defensivem Drohen zu helfen und damit zu signalisieren, dass er auch zubeißen würde, wenn sie nicht von ihm ablassen – zu erkennen ist dies an den langgezogenen und spitzen Mundwinkeln.

Keinen Schritt näher!

Der starrende und fixierende Augenkontakt des Barsoi ist eine deutliche Verwarnung: Bis hierhin und nicht weiter. Der Dackel reagiert darauf wie aus dem Lehrbuch und wendet seinen Blick ab, um ja nicht zu provozieren und damit eine heftigere Reaktion des imposanten und ihm deutlich überlegenen Artgenossen zu riskieren. Haben Hunde ein gutes Sozialverhalten gelernt, können sie auch heikle Situationen mit Ihresgleichen glänzend meistern.

Wenn du nicht weggehst, bist du dran!

Zwei gleichaltrige, unkastrierte und körperlich ebenbürtige Rüden begegnen sich beim Spaziergang. Sie haben sich schon früher häufiger getroffen und jeder hat dem anderen zugerufen: „Na, du Depp, was willst du denn hier?“ Beide sind sehr zielgerichtet und entschlossen, Körper und Ohren des schwarzen Schäferhundes sind nach vorn gerichtet und er stellt Rückenhaare sowie Rute auf. Das offensive Drohen des Schäferhundes wird durch die kurzen und runden Mundwinkel deutlich.

In der Meute

Zusammen sind Hunde stärker, ideenreicher und riechen, sehen und hören mehr als einer allein – ihnen entgeht nichts. Gemeinsam ein Ziel zu verfolgen, ob bei der Jagd oder anderen Aktivitäten, erhöht also die Chance, erfolgreich zu sein. Zudem bietet die Gruppe besseren Schutz vor Gefahren – das alles sind gute Gründe, um sich mit Artgenossen zusammenzutun.

Pass' ich noch dazwischen?

Hunde wie Beagle und Foxhound wurden gezüchtet, um in der Meute zu jagen. Daher wird ihnen eine grundsätzlich große Verträglichkeit mit Artgenossen zugeschrieben. Eigenschaften wie eine höhere Reizschwelle beispielsweise bezüglich des Individualabstands oder der Reaktionsbereitschaft auf aggressives Verhalten und die damit verbundene höhere Toleranz können zwar angeboren sein, doch die Regeln des Zusammenlebens muss jeder Hund lernen.

Ich zieh meiner Wege

Nicht jeder Vierbeiner gehört zu den geselligen Typen. Manche Hunde wie dieser Dackel hier sind Einzelgänger, die lieber ihr eigenes Ding durchziehen wollen. Beim Spaziergang interessieren sie sich nicht für Artgenossen und schenken ihnen wenig Aufmerksamkeit. Auch in der Familie fühlen sie sich ohne Artgenossen meist wohler.

Ich weiß, wo's langgeht

Für diese Hunde zählt der Spaziergang mit Artgenossen zu den Highlights des Tages. Zusammen toben, rennen, entdecken. Doch Vorsicht: Ist ein Vierbeiner dabei, der gern ungefragt einen Jagdausflug unternimmt, kann er seine Kumpels mitziehen und schon ist die ganze Truppe weg. Hunde lernen viel von ihren Artgenossen – auch den Unfug, den sie besser nicht lernen sollten.

Du entkommst uns nicht

Hunde sind nicht immer die rücksichtsvollen Geschöpfe, die ihre Menschen sich an ihrer Seite wünschen. Vielen macht es richtig Spaß, körperlich oder mental unterlegene oder jüngere Vierbeiner zu ärgern. Wer in die Opferrolle fällt, wird von den Artgenossen gemobbt und wie hier in wilder Hatz über das Gelände getrieben. Dann muss der Mensch eingreifen und dem Treiben ein Ende setzen. Manche dreisten Hunde ärgern jedoch erst ihre Artgenossen und vertrauen dann darauf, dass ihr Mensch sie immer aus der selbst verursachten Misere rettet. Diese Rabauken sollten lernen, die von ihnen heraufbeschworenen Konsequenzen auszuhalten.

WUSSTEN SIE?

Hunde verhalten sich in Gegenwart von Artgenossen oft ganz anders und trauen sich Dinge, die sie allein nicht wagen würden. Eine harmonische Hundegruppe kann durch das Hinzukommen oder den Weggang eines Artgenossen völlig auf den Kopf gestellt werden. Die vorher gut funktionierende Rollenverteilung und stabile Struktur der Gemeinschaft können auseinanderbrechen und die Positionen müssen wieder neu erarbeitet werden.

Ich gebe den Ton an

Der Begriff „dominant“ wird häufig verwendet, um Hunde zu beschreiben. Dabei ist Dominanz keine Charaktereigenschaft. Ob ein Hund dominant – also der Kontrollierende – ist oder nicht, bezieht sich immer auf eine Beziehung und variiert innerhalb dieser Beziehung sogar je nach Situation. Und damit ein Hund in einer Situation dominant sein kann, muss sein Gegenüber ihm diese Position zugestehen.

WUSSTEN SIE?

Wer dominant ist, nimmt sich Rechte heraus, die er einem anderen nicht zugesteht – und der andere akzeptiert das. Ob ein Hund durch sein Verhalten versucht, einen Artgenossen zu dominieren, hängt davon ab, welche Priorität er dieser Situation beimisst. Oft geht es dabei um die Verfügung über Privilegien.

Du bleibst jetzt stehen

Nach einem wilden Rennspiel stellt sich der Golden Retriever vor den Berner Sennenhund und hindert ihn daran weiterzugehen. Artgenossen in ihrer Bewegungsfreiheit einzuschränken ist eine oft genutzte Strategie, um das Gegenüber zu reduzieren oder seine Handlung abzubrechen – ihn zu kontrollieren. Für Hunde ist dies ein klares Signal. Auch Menschen können ihre Körpersprache und die Bewegungseinschränkung gegenüber ihren Hunden einsetzen, um ihre Absichten deutlich zu machen.

Vergiss nicht, was deine Position ist

Die juvenile Labradorhündin hat sich bei der vorangegangenen Toberei mit ihren Hundekumpels in Rage gespielt und sich in den Vordergrund gedrängt. Die mit ihr im Haushalt lebende Whippethündin maßregelt das junge Gemüse durch Aufreiten, um ihr Verhalten wieder zu reduzieren. Dabei wird die Botschaft gegeben: „Glaub ja nicht, dass du zu Hause so weitermachen kannst."

Du gehörst zu mir

Drei ist einer zu viel, könnte man dieses Stelldichein umschreiben. Vorher hat die Labradorhündin lustig mit der Holländischen Schäferhündin gespielt. Das hat der Westfalenterrierhündin nicht gepasst, die mit dem Labrador befreundet ist. Auflegen des Kopfes ist eine Dominanzgeste und soll in diesem Fall deutlich machen: „Kümmer' dich um mich und spiel nur mit mir." Gleichzeitig ist es ein Signal für die Schäferhündin, dass die Terrierdame Anspruch auf den Labrador erhebt.

Komm doch her

Nicht jeder Hund kann immer oder jederzeit abgeleint werden. Doch Hundebegegnungen an der Leine sind oft kritische Momente, denn angeleint reagiert ein Hund häufig anders als frei laufend. Die Vierbeiner sind gehemmt bei der Ausführung ihrer Begrüßungsrituale und so kann es leicht zu Missverständnissen kommen.

Wenn ich könnte, würd' ich dich ...

Pöbelei zweier potenter Rüden an der Leine: Der Rhodesian Ridgeback provoziert mit seiner Körperhaltung und dem fixierenden Blick, der Schäferhund hängt sich voll in die Leine. Durch die Enge kommen die Hunde sich sehr nah. Besser ist es, wenn jeder Halter seinen Hund auf der Außenseite führt. Mit dem Menschen dazwischen entsteht Raum für entspannteres Verhalten. Viele Hunde würden sich dann wohler fühlen, da sie sich nicht gezwungen sehen, in Aktion zu treten.

Ich geh mit dir

So läuft es richtig und keiner der Hunde zeigt Anspannung: Der Dackel konzentriert sich fröhlich auf seinen Menschen und der Pekingese geht einfach seines Weges. Die Zweibeiner bilden einen „Schutzwall" vor ihren Hunden und haben sie dadurch unter Kontrolle.

Kenn ich dich?

Anders als diese beiden Hunde hält es nicht jeder Vierbeiner aus, wenn ihm ein Artgenosse so nah auf die Pelle rückt und er keine Ausweichmöglichkeit hat. Es ist wichtig, dass der Mensch ein Gefühl für seinen Hund entwickelt und erkennt, ob ihm dies behagt. Ist das nicht der Fall, sollte er das Beschnuppern an der Leine künftig verhindern, um seinen Vierbeiner nicht zu stressen.

Wie komm ich hier wieder raus?

Hier haben sich die Leinen nach einer bewegungsreichen Kontaktaufnahme um die Hunde gewickelt und der Whippet ist darüber gar nicht amüsiert. In solchen Momenten können Hunde panisch reagieren, was zu heiklen Situationen führen kann. Deswegen sollte man es erst gar nicht soweit kommen lassen.

WUSSTEN SIE?

Warum es an der Leine Stress geben kann:

- Die Hunde sind in ihrem Spielraum eingeschränkt und können nicht ausweichen.
- Die Spannung der Leine kann sich auf den Hund übertragen, was seine Erregung steigert.
- Der Hund verteidigt seinen Menschen oder die von diesem mitgeführten Leckerchen oder Spielzeuge als ihm wichtige Ressource.
- Der Mensch verschlimmert die Situation durch eine falsche Reaktion.
- Nicht alle Hunde können einen fremden Artgenossen auf geringer Distanz ertragen.
- Manche Hunde fühlen sich mit ihrem Menschen als Rückhalt besonders stark.

Wir sind Freunde

Freunde zeichnen sich dadurch aus, dass sie sich vertrauen und sich einschätzen können – das gilt auch unter Hunden. Einem Freund kann Hund die Meinung sagen, ohne dass daraus ein Konflikt entsteht. Und vor allem: Gemeinsam haben Freunde mehr Spaß am Leben.

Wo schnupperst du da?

Wenn einer der Hundefreunde etwas Interessantes gefunden hat, kommen die anderen schnell dazu und schauen, was er entdeckt hat. Jeder profitiert von den Stärken des anderen.

WUSSTEN SIE?

Hunde sind nicht nur befreundet, wenn sie zusammenleben. Um Freund zu sein, muss man sich nicht ständig sehen, sondern freut sich umso mehr auf das nächste Wiedersehen. Hunde, die sich beispielsweise aus dem Welpenspiel kennen, entwickeln oft Kindergarten-Freundschaften und haben ihre ganz eigene Art, miteinander zu spielen. Junge Hunde, die ältere mögen, verehren diese oft regelrecht und wollen es ihnen in allem gleichtun.

Wir kommen

Paralleles Laufen von vertrauten Hunden ist eine kleine Geste mit großer Wirkung, die das Gemeinschaftsgefühl zum Ausdruck bringt, wie bei diesem ungleichen Paar.

Ich mag dich

Bekundungen der Zuneigung, wie Berührungen und das behutsame Belecken, stärken die Beziehung und festigen die Freundschaft – auch, weil dadurch beziehungsfördernde Hormone ausgeschüttet werden. Gegenseitige Körperpflege heißt, sich um den anderen zu kümmern und verschafft diesem Wohlbehagen.

Mein, dein, unser

Ressourcen werden unter Hundefreunden eher geteilt als mit fremden Artgenossen. Auch wenn jeder den Stock am liebsten für sich allein hätte, kommt es nicht zu einem Streit um die Errungenschaft, höchstens zu einer freundschaftlichen Balgerei. Ist einem der Vierbeiner aber eine Ressource besonders wichtig, muss sein Kumpel das respektieren.

Ich fang die Maus

Im Team nach Mäusen buddeln ist lustig. Zwar verrichtet hier jeder der Dachshunde für sich seine Erdarbeiten, doch jeder gönnt dem Artgenossen einen Erfolg. Toleranz ist ein ganz wichtiger Aspekt bei echter Freundschaft. Trotzdem kann man ja später versuchen, dem anderen die Beute abzuluchsen.

Was gibt's Neues?

Die herausragendste Sinnesleistung der Hunde ist sicherlich ihr phänomenaler Geruchssinn – zumindest im Vergleich mit dem Menschen. Wir wissen zwar, dass Hunde beim gegenseitigen Beschnuppern viele Informationen über ihr Gegenüber erhalten, doch dieser Austausch funktioniert auch ohne direkten Kontakt – sozusagen als olfaktorische Fernkommunikation über Duftsignale.

Hier gibt's was zu riechen!

Scharren nach dem Absetzen von Kot oder Urin ist die optische Unterstreichung des Duftsignals. Wird dies in Gegenwart von anderen gemacht und versichert sich der Hund umschauend, dass jeder diese Geste sieht, kann es meist als Angeberei gedeutet werden. Und wie so oft verfehlt es manchmal die beabsichtigte Wirkung, denn wer sich auskennt weiß: Ein wirklich taffer und souveräner Typ hat so was meist nicht nötig.

Wer war heute hier?

War es ein Rüde oder eine Hündin, die dort ein Zeichen gesetzt hat? Kenne ich den? Wie ist der Rang des anderen? Hat er Stress oder ist er ernsthaft krank? Geht er mental stark durchs Leben oder ist er unsicher? Wann war er hier und in welche Richtung ist er gegangen? Und wenn es eine Hündin war: In welcher Phase ihres Sexualzyklus befindet sie sich? Übermittelt werden diese Informationen über Urin, Kot und Drüsensekrete.

Ich bin wer

Rüden heben das Bein und Hündinnen setzen sich hin, wenn sie ihr kleines Geschäft machen. Ganz so einfach ist das nicht: Es gibt viele selbstbewusste Hündinnen, die gezielt und mehrmals während der Spaziergänge markieren und dabei ein Hinterbein heben, wie diese Kangalhündin.

Das ist mein Revier

Duftzeichen an bestimmten Orten dienen der Markierung von Revieren und teilen mit: Ich war hier. Je höher die Marke gesetzt wird, desto deutlicher ist die Botschaft. Ganz eifrige Kerlchen vollbringen dabei wahre Kunststücke und versuchen es sogar nur auf den Vorderbeinen stehend.

WUSSTEN SIE?

Sind mehrere Hunde zusammen, gibt es oft das klassische „Überpinkeln“: Einer markiert an einer Stelle und reihum folgt der nächste. Im Gegensatz zu früheren Ansichten wird es heute nicht mehr als Dominanzgeste gedeutet, sondern oft auch als Unterstreichung der Gruppenzusammengehörigkeit, als Signalisierung oder einfach als: „Ich war auch hier.“ Hunde markieren draußen auch auf Ressourcen, um diese zu kennzeichnen.

Was willst du mir sagen?

Hunde kommunizieren über ein facettenreiches Ausdrucksverhalten von der Nasenspitze bis zur Rute. Diese Kommunikation ist zwar nicht mehr so fein differenziert wie bei ihren Wolfsvorfahren, erlaubt aber trotzdem noch immer die Verständigung in allen Lebenslagen über mehr oder weniger deutlich gezeigte Signale, deren Kombination und Gesamteindruck. Treffen jedoch Hunde unterschiedlicher Rassen aufeinander, können bestimmte körperliche Merkmale zu Missverständnissen führen.

WUSSTEN SIE?

Kennt man seinen Hund gut, kann man trotz der Falten, der fehlenden Rute, der Hängeohren oder reichlichen Haarpracht erkennen, wie sein Gemütszustand ist. Hunde, die sich gut kennen, haben meist kein Problem damit, sich trotz der andersartigen Ausdrucksmöglichkeiten zu verständigen, denn sie haben gelernt, den anderen einzuschätzen. Damit das auch mit fremden Vierbeinern ohne Missverständnisse funktioniert, sollten Welpen schon die unterschiedlichsten Artgenossen kennenlernen.

Na, du Griesgram

Das Gesicht verrät viel über den Gemütszustand des Vierbeiners, das reicht von drohendem Zeigen der Zähne bis zum Spielgesicht mit seinem übertriebenen Grinsen. Bei manchen Rassen ist die Mimik ihrer vielfältigen Möglichkeiten beraubt oder weist grundsätzlich Züge eines bestimmten emotionalen Zustands auf. So ist es dieser Olde English Bulldogge mit ihrem faltigen Gesicht nur schwer möglich, fein differenzierte Ausdrucksformen zu zeigen, denn die Falten bleiben immer. Und auf manche fremden Artgenossen könnte das vielleicht wie ein drohendes Naserunzeln wirken.

Was ist da drunter?

Die Körperhaltung verrät die Anspannung eines Vierbeiners: Drückt er die Beine durch und stellt die Haare auf dem Rücken, um sich größer zu machen? All das bleibt dem Gegenüber eines Hundes mit üppiger Haarpracht auf den ersten Blick verborgen. Das ist sicher einer der Gründe, warum viele Halter von Hunden mit langem Fell berichten, dass Artgenossen bei deren Anblick oft unsicher oder sogar eingeschüchtert wirken. Noch schwieriger ist die Deutung, wenn zusätzlich zur Körperbehaarung auch das Gesicht und vor allem die Augen unter der Matte nicht mehr erkennbar sind – wie soll man da unvoreingenommen Kontakt aufnehmen?

So ein Angeber

Ein Hund kann sein vierbeiniges Gegenüber viel besser einschätzen, wenn er dessen Rute sieht. Eine senkrecht aufgestellte Rute ist typisch für einen Hund, der stark erregt ist oder sogar imponieren will. Vierbeiner mit Ringelrute wirken daher, zumindest beim ersten Eindruck, wie Angeber und die Reaktionen der anderen sind oft entsprechend. Auch bei Hunden ohne Rute oder mit einem kurzen Stummel kann ein falscher Eindruck entstehen. Ähnlich ist es bei den Ohren: Bei Hängeohren ist es nur schwer zu erkennen, ob diese angespannt, nach vorn oder nach hinten gerichtet sind.

Von den Grossen lernen

Junge Hunde müssen noch viel lernen und ihre Menschen können ihnen allerhand beibringen und gute Lernvoraussetzungen schaffen. Doch ohne das Vorbild und die Anleitung von erwachsenen Vierbeinern geht es nicht, denn das ist unerlässlich für das Erlernen der Regeln des sozialen Miteinanders.

Du bekommst nicht alles, was du haben willst

Souveräne erwachsene Hunde sind die besten Erzieher für das Jungvolk und geben regelrecht Unterricht. Hier kaut der erwachsene Weiße Schweizer Schäferhund demonstrativ an einem Stöckchen und vermittelt dem Welpen durch die vorgestellten Ohren und die gekräuselte Nase, dass er es nicht wagen soll, es sich zu nehmen. So lernt der Kleine, dass er keine Narrenfreiheit hat und mit Frustration umzugehen.

So nicht, mein Kind

Der Islandhundwelpe war frech zu seiner Mutter und bekommt prompt die Quittung, indem er von ihr disziplinierend zu Boden gedrückt und angeknurrt wird. Unter Hunden geht es manchmal rau zu, doch bei gut sozialisierten Tieren immer fair. Die Mutter reagiert angemessen je nach Situation und ist nicht nachtragend. Besser, der Welpe lernt es von seiner Mutter als von einem Artgenossen, der nicht verhältnismäßig reagiert.

Schau, wie viel Spaß das macht

Welpen lassen sich mutiger auf neue Herausforderungen ein, wenn die Großen vormachen, wie es geht und zeigen, dass es ungefährlich ist. Noch zögernd aber angespornt durch seine erwachsenen Freunde, traut sich auch der junge Hovawart ins unbekannte nasse Element.

Du bist meine Heldin

Vierbeinige Tanten und Onkel sind prima Spielkameraden, die den Kleinen beim Herumalbern ganz nebenbei klarmachen, wie weit sie gehen dürfen. Der Islandhundwelpe greift ziemlich frech nach dem Spielzeug und kommt damit auch durch – dieses Mal jedenfalls noch.

Hoffentlich geht das bald vorüber

Der schwarze Mops duldet das ihn nervende Hundekind. Manchmal ist es besser, dem Übermut der Kleinen keine Beachtung zu schenken. Reagiert er nicht auf das aufdringliche Verhalten, verliert es vielleicht bald seinen Reiz und der kleine Mops sucht sich eine neue Beschäftigung.

WUSSTEN SIE?

Bei fremden Hunden gibt es keinen Welpenschutz. Wie tolerant ein Fremder auf einen Welpen reagiert, hängt von seiner Sozialisierung und seiner Persönlichkeit ab – nicht alle Hunde mögen Welpen und zeigen dies auch. Passen Sie daher auf, wenn Sie fremden Hunden begegnen.

Hund & Mensch

Mensch und Hund sind seit Jahrtausenden Weggefährten und haben zusammen die Welt erobert. Da muss es schon einige Gemeinsamkeiten geben, die diese beispiellose Erfolgsgeschichte des Miteinanders erst möglich gemacht haben: Beide bauen starke Beziehungen zu ihren Sozialpartnern auf, widmen sich mit Hingabe der Erziehung ihres Nachwuchses, arbeiten im Team, wollen wissen, welche Rolle sie in der Gemeinschaft einnehmen und diese bestmöglich ausfüllen. Zwei- und Vierbeiner sind also gar nicht so verschieden und profitieren auch heute noch voneinander – wenn es richtig läuft. Und Sie können viel dafür tun, dass auch Ihr Leben mit Ihrem Hund eine Erfolgsgeschichte wird.

Wir gehören zusammen

Der Kauf eines Hundes ist nur der erste Schritt auf dem Weg zu einem harmonischen Zusammenleben. Eine gute Beziehung zwischen Zwei- und Vierbeiner entsteht allein durch Vertrauen – und das müssen sich beide erst verdienen. Gemeinsame Erfahrungen helfen dabei, den anderen einzuschätzen und Vertrauen aufzubauen.

Nicht aufhören

Fröhlich und albern kullert sich die Hündin auf der Wiese vor ihrem Menschen und lässt sich den Bauch kraulen. Diese Geste signalisiert vollstes Vertrauen.

Ja, spiel mit mir

Möchten Sie einen Partner haben, der immer nur ernsthaft und dienstbeflissen ist? Sicher nicht! Spaß zu haben gehört zu einer glücklichen Beziehung dazu. Entsprechend freudig geht der Welpe auf das Spielangebot seines Frauchens ein und genießt die lustigen Momente.

WUSSTEN SIE?

Hunde möchten nichts lieber tun, als sich ihrem Menschen vertrauensvoll anzuschließen. Alles, was sie brauchen, sind Verlässlichkeit, Fairness, ein klarer Rahmen und die Berücksichtigung seiner Bedürfnisse. Vertrauen basiert auf Berechenbarkeit.

Und was jetzt?

Hund und Herrchen zusammen unterwegs, der Dackel himmelt seinen Menschen erwartungsvoll an. Orientiert sich ein Hund an seinem Menschen, ist dies ein Zeichen dafür, dass der Zweibeiner es geschafft hat, für seinen Hund attraktiv zu sein. Das Bewältigen von gemeinsamen Herausforderungen und Erfolgen trägt wesentlich dazu bei.

Pause ist schön

Kleine Rituale erhalten die Freundschaft. Der Dackel genießt die tägliche Mußestunde mit seinem Menschen und kuschelt sich gemütlich an ihn. Innige Nähe, bei der sich beide ganz ohne Erwartungshaltung entspannen können, ist wichtig für eine gute Beziehung zwischen Mensch und Hund.

Endlich bist du da

Freudig begrüßt der Hund seinen Menschen bei dessen Heimkehr. Freuen Sie sich, wenn Ihr Hund Sie begrüßt und zeigen Sie ihm das auch. Es wäre doch schlimm, wenn es einen Hund kalt ließe, ob sein Mensch da ist oder nicht. Regt ein Vierbeiner sich dabei jedoch zu stark auf, sollte die Begrüßung maßvoll ausfallen und ihn nicht noch zusätzlich aufdrehen. Später kann dann ausgiebig mit dem Hund geschmust oder gespielt werden.

Da gefällt's mir

Wohlbefinden pur: Von vertrauten Menschen lassen Hunde sich gern streicheln und am ganzen Körper bekrabbeln – genau wie sie die Körperpflege von befreundeten Artgenossen schätzen. Dabei haben die Vierbeiner durchaus ihre Vorlieben, die auch individuell verschieden sein können.

WUSSTEN SIE?

Beginnen Sie den Tag mit einer belebenden Massage für den Hund – das bringt seinen Stoffwechsel auf Trab und reguliert Ihren Kreislauf. Abends bietet die Massage die Gelegenheit für einen Gesundheitscheck.

Weiter links – und dann weiter unten

Hingebungsvoll und mit breitem Grinsen genießt diese Islandhündin die innige Zuwendung ihres Frauchens und wendet ihr den verletzlichen Bauch zu. Es gehört viel Vertrauen dazu, sich auf freier Wiese derart angreifbar zu präsentieren. Daher sollte dies erst zu Hause in der Wohnung und dann im vertrauten Garten geübt werden. Und ein fremder Hund sollte auch nicht in der Nähe sein und stören.

Vorne ist gut …

Unsichere Hunde können sich leichter entspannen, wenn der Mensch sich beim Streicheln nicht über sie beugt. Frauchen bietet mit ihrer zurückgenommenen Körperhaltung ausreichend Freiraum und die Hündin schiebt sich den an Brust und Schulter streichelnden Händen entgegen.

… und erst am Poppes!

Am Po gestreichelt zu werden ist bei vielen Hunden sehr beliebt. Manche hüpfen und tanzen dabei regelrecht unter den Händen ihres Menschen und schieben sich immer dichter heran. Gerade Hunde mit Hüftproblemen lieben sanfte Massagen an diesen Problemstellen. Wenn Sie Ihren Hund gezielt verwöhnen möchten, kann Sie Ihr Tierarzt oder Ihr Tierheilpraktiker beraten.

Bitte ordentlich kneten

An den Ohren befinden sich viele Akupressurpunkte, die sich bei sachgerechter Pressur positiv auf den ganzen Hund auswirken. Die Hündin genießt das zärtliche Kneten ihrer Ohren und entspannt sich immer mehr – was hier auch am Absacken ihrer Rute zu erkennen ist. Mit entsprechender Literatur oder in speziellen Seminaren können Sie mehr darüber erfahren.

Bei dir fühl' ich mich sicher

Menschen sind für Hunde attraktiv, wenn sie ihnen etwas bieten können, dazu gehören auch Gefahrenerkennung und Gefahrenabwehr. Es ist nicht primär Aufgabe des Hundes, seinen Menschen zu beschützen, sondern als Teamleiter ist es der Job des Zweibeiners, in entscheidenden Momenten für seinen Hund da zu sein. Er muss sich dort für seinen Vierbeiner einsetzen, wo dieser Erfahrungslücken hat beziehungsweise unsicher ist und darf ihn auch in scheinbar harmlosen Situationen nicht ins offene Messer laufen lassen.

Das tut ja gar nichts

Diese Hündin gruselt sich vor dem großen, weißen Blechkasten. Deswegen geht Frauchen zuerst hin, schaut sich das Ding genauer an, fasst es an, spricht ihre Eindrücke laut und fröhlich aus und geht nach einer Weile weiter. Am besten ist es, den Hund während der Inspektion weder anzuschauen, noch ihn heranzurufen oder heranzuzerren, denn all das baut Druck auf. Durch Übertragung der entspannten Stimmung des Frauchens hat diese Hündin den Mut gewonnen, sich näher heranzutrauen.

WUSSTEN SIE?

Der Erfolg des gemeinsamen Bewältigens gruseliger oder schwieriger Situationen schweißt das Mensch-Hund-Team enger zusammen und stärkt das gegenseitige Vertrauen. Jeder Hund ist anders – das wird vielen Menschen erst dann richtig bewusst, wenn wieder ein neuer Hund ins Haus kommt, der in vielen Situationen unerwartet reagiert.

Die ist taff

Die Hündin wurde mit „Sitz“ angewiesen, dort zu warten, bis der Mensch die Lage gecheckt hat – schließlich weiß man nie, welche Überraschungen oder Gefahren hinter einer Kurve lauern. Sie beobachtet ganz genau, was da vorne vor sich geht und bleibt geduldig sitzen, bis sie das Signal zum Weitergehen bekommt. Wer seinen Hund sicher führt, kann gerade mit solchen Maßnahmen Punkte sammeln, denn er macht sich dadurch noch wichtiger und demonstriert, dass er alles im Griff hat.

Frauchen macht das schon

Gerade für Halter kleiner Hunde entstehen oft kritische Momente, wenn sich große ungestüm nähern. Der Dackel fühlt sich trotzdem sicher, da der Mensch sich vor ihn gestellt hat und die Sache regelt. Um in diesen Momenten nicht hektisch zu reagieren, sollte diese Situation möglichst oft geübt werden, damit Hund und Halter wissen, was zu tun ist. Die beste Strategie ist es, die fremden Hunde erst gar nicht nah herankommen zu lassen, sondern sie durch körpersprachlichen Einsatz mit nach vorne gerichteter Handfläche auf Distanz zu halten und dann wegzuschicken.

Schau mich an

Ein Blick sagt mehr als tausend Worte. Hunde können viel im Gesicht ihres Menschen lesen und gerade der Blick kann ihnen viel verraten. Nicht alle Hunde ertragen den direkten Blickkontakt mit dem Zweibeiner, andere setzen ihn gezielt ein.

Na, was jetzt?

Der Dackel schaut den Menschen auffordernd an und scheint zuversichtlich zu sein, dass er auf seinen fragenden Blick bald eine Antwort erhält. Hunde wissen, dass die Menschen ihrem Blick kaum widerstehen können: Schon die Erwiderung ist ein nettes Feedback und bringt die gewünschte Aufmerksamkeit.

Du und ich …

Ohne jede Scheu und aus geringer Entfernung blickt die betagte Hundedame ihrem Frauchen in die Augen. Dieser Blick drückt die Vertrautheit und Zuneigung aus, die beide im Lauf der gemeinsamen Jahre erlangt haben.

Ich will dir folgen

Zu wissen, wo es lang geht – das ist der Job des Zweibeiners. Dazu muss er jedoch nicht immer vorneweg laufen. In sicherem Terrain kann auch der Vierbeiner streckenweise die Vorhut übernehmen und das Team anführen. Schaut er sich dann zwischendurch Orientierung suchend zu seinem Menschen um, sollte diese kooperative Aktion nicht übersehen, sondern mit einem bestätigenden Wort oder einer richtungsweisenden Geste gewürdigt werden.

WUSSTEN SIE?

Beim eigenen Hund kann das Anstarren bei passender Gelegenheit als Verwarnung dienen. Es sollte aber immer mit Maß und Ziel eingesetzt werden, um den Hund nicht zu verunsichern. Zeigt er jedoch gesteigerte Aggressivität, sollte das Fixieren unterlassen werden, genauso wie bei fremden Hunden, da deren Reaktion nicht vorhersehbar ist.

Was willst du?

Der Ausdruck der Augen ist eines der wichtigsten Stimmungsbarometer, die Hunden bei der Einschätzung ihrer Menschen helfen. Diese Hündin kennt ihr Frauchen gut und nähert sich ihr trotz der Sonnenbrille ohne Vorbehalte. Doch alles, was die Mimik ganz oder teilweise verbirgt, erschwert die Kommunikation mit dem Hund, ob es nun die Sonnenbrille, eine in die Stirn gezogene Kappe oder über das Gesicht hängende, lange Haare sind.

Alles klar

Gesten nehmen einen großen Bereich in der Kommunikation unter Hunden ein. Der Mensch kann sich dies zunutze machen, um sich seinem Vierbeiner klar und deutlich verständlich zu machen – ganz ohne Worte. Mit Sichtzeichen können Sie Ihren Hund elegant und oft auch verbindlicher führen. Ganz gleich, ob Sie die üblichen Signale verwenden oder eigene erfinden.

WUSSTEN SIE?

Überlegen Sie sich frühzeitig verschiedene Sichtzeichen, die Sie Ihrem Hund beibringen wollen. Achten Sie darauf, dass diese sich gut unterscheiden lassen und geben Sie sich von Anfang an große Mühe, diese klar und deutlich zu zeigen. Wird das versäumt, kommen die Hunde leicht durcheinander.

Ich bin unterwegs

Die Hände auf der Brust des Menschen teilen dem arbeitsfreudigen Mischling mit, dass er zu seinem Frauchen kommen soll. Hier ist schön zu sehen, wie der Hund ganz nah herankommt.

Ich liege ja schon

Die zum Boden gerichtete Handfläche der flachen Hand ist das Signal für „Platz“. Der Hund bleibt so lange liegen, bis er ein anderes Zeichen bekommt oder sein Frauchen ihm signalisiert, dass er nun einer eigenen Beschäftigung nachgehen darf. Die Mischlingshündin Ruby ist eine eifrige Schülerin und lernt sehr schnell. Sie beobachtet ihr Frauchen aufmerksam und wartet, was als nächstes geschieht.

Okay, ich setze mich

Der in die Luft gestreckte Zeigefinger ist das Signal für „Sitz". Sichtzeichen funktionieren auch auf Distanz. Die Entfernung muss jedoch durch stetiges Üben erst langsam vergrößert werden, damit der Hund das Signal sicher befolgt. Beginnen Sie das Training daher direkt beim Hund und vergrößern Sie den Abstand je nach Fortschritt Stück um Stück.

Ich rühr mich nicht vom Fleck

Die zum Hund gerichtete Handfläche der flachen Hand drückt den Vierbeiner regelrecht vom Menschen weg und weist ihn an, in seiner Position zu verharren, bis er wieder abgeholt wird: „Bleib". Es ist sinnvoll, alle Signale durch ein Ende-Zeichen aufzulösen, damit der Hund nicht selbst entscheidet, wie lange er dem Signal Folge leisten will.

Da muss doch was sein

Der Fingerzeig signalisiert dem Vierbeiner, dass er an dieser Stelle etwas von Interesse findet. Hunde reagieren besser auf dieses Zeichen als Schimpansen, die dem Menschen doch so nah verwandt sind. Vermutlich liegt der Grund für diese Fähigkeiten in der Domestikation, in der Hunde sich seit Jahrtausenden auf den Menschen einstellen. Sie können Ihrem Hund auch beibringen, sich an Ihrem Blick zu orientieren.

Das mag ich nicht

Es gibt verschiedene Gesten und Handlungen des Menschen, die Hunde gar nicht mögen, da sie sich dann bedrängt oder sogar in die Enge getrieben fühlen. Dies zeigt sich besonders im Umgang mit fremden Menschen.

Ich will hier weg!

Der Mann umarmt die Chesapeake-Bay-Retriever-Hündin herzhaft und beugt sich dabei über sie. Sie fühlt sich sichtlich unwohl, windet sich und versucht mit allen Mitteln, sich aus dem Schwitzkasten zu befreien. Dabei leckt sie sich, was ihren inneren Konflikt zeigt und deutlich macht, dass sie auf Deeskalation bedacht ist. So in die Enge gedrängt, können manche Hunde auch aggressiv reagieren, um Distanz zu schaffen.

Ich will keinen Streit

Die Hündin weicht dem Blick des Mannes aus und schaut mit abgewandtem Kopf zur Seite. Einen Hund anzustarren ist immer eine Drohgeste. Indem die Hündin ihren Blick abwendet, vermeidet sie eine zusätzliche Provokation, was der Konfliktvermeidung dient. Fremde Hunde sollten auf keinen Fall derart angestarrt werden, da man nie einschätzen kann, wie sie darauf reagieren.

WUSSTEN SIE?

Der eigene Hund wird sich nicht immer provoziert oder bedrängt fühlen, wenn sein Mensch sich über ihn beugt oder ihn anstarrt, denn er kennt seinen Menschen so gut, dass er die gesamte Situation einschätzen kann. Doch gezielt und deutlich eingesetzt, kann die Körpersprache effektiv für die Erziehung genutzt werden, etwa zum Abbruch eines Verhaltens.

Hör auf damit!

Der Mann beugt sich vor, schaut die Hündin direkt an und streichelt sie am Hals. Was von vielen Menschen als freundliche Geste gemeint ist, wirkt auf die Hündin ganz anders. Sie wird bedrängt und ungefragt angefasst und zeigt durch das Zurücklehnen des Oberkörpers, die zurückgelegten Ohren und das Hecheln, dass diese Aufdringlichkeit sie regelrecht gruselt.

Ich verhalte mich lieber ruhig

Mit gesenktem Kopf und abgewandtem Blick bemüht sich die Hündin, die bedrohliche Geste des Mannes nicht zu erwidern und sich deeskalierend zu verhalten. Starke körperliche Präsenz wirkt auf Hunde je nach Charakter einschüchternd oder provozierend – entsprechend kann sich auch die Reaktion unterscheiden. Zeigt ein Hund dieses Verhalten, sollte man zurückgehen und die Distanz so lang vergrößern, bis er sich wieder entspannt.

Komm zu mir

Die Körpersprache des Menschen kann wesentlich dazu beitragen, wie viel Nähe der Hund zu ihm sucht. Während aufdringliche Vierbeiner wenig Hemmungen haben, dem Zweibeiner dicht zu Leibe zu rücken, lassen unsichere Kandidaten sich schon von kleinen Gesten beeindrucken.

Okay, gehen wir da lang

Die Holländische Schäferhündin folgt ihrem Frauchen über die Wiese. Damit ein Hund sich an seinem Menschen orientiert und unterwegs nicht sein eigenes Ding macht, muss der Mensch das Tempo vorgeben. Er sollte nicht ständig innehalten und nach dem Hund schauen, denn so lernt der Vierbeiner, dass er Richtung und Tempo vorgeben kann. Dabei ist es der Hund, der sich anstrengen sollte, nicht den Anschluss zu verlieren.

Bin schon da

Ganz dicht und freudig kommt die Hündin an ihr auf dem Boden hockendes Frauchen heran. Sich hinzuhocken und damit kleiner zu machen, erleichtert besonders Welpen das nahe Herankommen. Auch unsichere erwachsene Vierbeiner lassen sich von starker körperlicher Präsenz einschüchtern und halten lieber etwas Abstand. Dann hilft es oft schon, sich nicht frontal, sondern seitlich zum Hund gewandt hinzustellen.

Krieg' ich was dafür?

Auf direktem Weg läuft die Hündin zügig und mit Blick auf das Leckerchen zur am Boden hockenden Frau. Diese zeigt eine vorbildliche, nach hinten gerichtete Körpersprache. Beim Üben kann eine Belohnung im richtigen Moment hilfreich sein. Das Timing ist dabei sehr wichtig, um die gewünschte Handlung zu bestätigen und nicht unbeabsichtigt eine später folgende Aktion.

Muss das sein?

Die Hündin fühlt sich sichtlich unwohl, sie kommt nicht dicht an die Frau heran, wendet den Blick ab und legt die Ohren zurück. Die Frau zeigt eine ungünstige Körpersprache, da sie sich über den Hund beugt und nach ihm greift. Besonders das Greifen beim Herankommen hat zur Folge, dass viele Hunde dann langsamer werden und Abstand halten.

WUSSTEN SIE?

Hat Ihr Racker sich ohne Ihre Erlaubnis aus dem Staub gemacht und kommt dann von allein wieder, sollten Sie möglichst neutral bleiben. Denn es ist nachvollziehbar, dass ein Hund keinen Grund zum Kommen sieht, wenn sein Mensch ihn wutschnaubend erwartet. Eine Lobeshymne ist ebenfalls fehl am Platz, da die Gefahr besteht, die gesamte vorangegangene Handlungskette inklusive Abhauen zu belohnen. Ein kurzes und unaufgeregtes: „Da bist du ja wieder" und dann einfach weiterzugehen, ist sicher die beste Variante.

Ich komm ganz hoch

Springt ein Hund an einem Menschen hoch, kann das ganz verschiedene Bedeutungen haben, die Palette reicht vom antrainierten Trick über eine liebevoll gemeinte Geste oder ein Begrüßungsritual bis hin zu übersprudelndem Übermut. Oft ist es jedoch einfach nur aufdringlich und frech, weil der Hund nicht genug Grenzen hat und ausprobiert, wie weit er gehen kann.

Dich mag ich

Die Islandhündin stellt sich auf Aufforderung auf die Hinterbeine und lässt sich von ihrem Frauchen streicheln. Hier geschieht das Anspringen in beiderseitigem Einverständnis und ist zu einem Ritual beim Wiedersehen geworden. Bei der Begrüßung versuchen viele Hunde ihre Menschen im Gesicht zu lecken, dies ist ein Überbleibsel aus dem Welpenverhalten.

Da mach ich mit

Die Hündin lässt sich auch nicht durch eine Körperdrehung vom Hochspringen abbringen und umklammert die Frau sogar. Während eine Drehung und das Zuwenden des Rückens oder das Hochheben eines Knies bei manchen Hunden zum Abbruch ausreichend sind, ist es für diesen Hund Reaktion genug, um eine lustige Nummer daraus zu machen.

Noch mehr, das macht Spaß

Diese Hündin springt aufdringlich an der Frau hoch. Durch das Hochreißen der Arme wird die Sache für die Hündin noch spannender, sie dreht noch mehr auf und wird noch wilder. Schnelle und übertriebene Bewegungen ähneln dem Spielverhalten der Hunde, was fast einer Aufforderung zum Toben gleichkommt.

WUSSTEN SIE?

Springt Ihr Hund Sie übermütig an, sollten Sie ausprobieren, welche Maßnahme ihn davon abhält. Statt auszuweichen ist es oft erfolgreicher, unbeeindruckt einen Schritt auf den Hund zuzugehen. Auf jeden Fall ist es wichtig, dem Hund seine Grenzen aufzuzeigen und ein zuverlässiges Abbruchsignal zu etablieren. Auch mit einem entsprechenden Signal wie "Sitz" oder "Platz" lassen sich viele Hunde managen.

Hiergeblieben!

Obwohl die Frau versucht, weiter ihres Weges zu gehen, lässt die Hündin nicht locker und setzt das Anspringen fort. Ihr Verhalten führt zum gewünschten Ziel, denn die Frau zeigt durch das zwangsläufige Ausweichen eine Reaktion. Ist ein Hund nicht so hartnäckig, kann unbeeindrucktes Weitergehen eine erfolgreiche Strategie für den Abbruch des Verhaltens sein.

Wir gehen raus – Juhu!

Spaziergänge stehen mehrmals täglich auf dem Programm – die Zeit für Training und Extraspiele ist dagegen an manchen Tagen knapp. Da bietet es sich doch an, schon die täglichen Runden so interessant zu gestalten, dass Vier- und Zweibeiner Spaß dabei haben und nicht gelangweilt durch die Gegend ziehen. Schon mit einfachen Ideen wird jeder Spaziergang zum tollen Erlebnis.

WUSSTEN SIE?

Je mehr spannende und abwechslungsreiche Aktivitäten Sie Ihrem Hund bieten, desto attraktiver werden Sie für ihn und für ihn wird es nichts Schöneres geben, als mit Ihnen zusammen zu sein. Wichtig ist dabei jedoch immer die Ausgewogenheit von Aktion und selbstbestimmter Zeit, damit der Hund nicht zu einem überdrehten Nervenbündel wird.

Das ist aber schwierig

Nehmen Sie zusammen mit Ihrem Hund Herausforderungen an, etwa über eine schmale Brücke zu gehen oder was sich sonst so am Wegesrand bietet. Das gemeinsame Bewältigen verschiedener Aufgaben und der im Team erreichte Erfolg stärken auch die Beziehung.

Schön, euch zu sehen

Gemeinsam mit Artgenossen unterwegs zu sein steht ganz oben auf der Hitliste unserer Hunde. Ob sie nun toben, sich um ein Spielzeug balgen, beim Schnuppern die Nasen zusammenstecken oder einfach nebeneinander herlaufen – alles das macht den Spaziergang abwechslungsreicher und zu einem tollen Ergebnis.

Schaff ich das?

Ermuntern Sie Ihren Hund ohne Zwang, auch allein schwierige Aufgaben anzugehen, um selbst Lösungen zu entwickeln. Dieser kleine Dackel hat sich auf den im flachen Wasser schwimmenden Baumstamm getraut und will nun wieder an das Ufer springen. Meistert er das, wird er gebührend gefeiert und gewinnt an Selbstbewusstsein. Landet er im Wasser, können Sie mit ihm ein lustiges Spiel daraus machen und Spaß haben. In beiden Fällen ist es eine spannende Sache.

Aus der Bahn

Hund möchte Hund sein – dazu gehört es, sich bei passender Gelegenheit ohne Rücksicht auf menschliche Etikette in einer schlammigen Pfütze so richtig schmutzig zu machen, in stinkendem Aas zu wälzen oder sich schon überreife Pferdeäpfel schmecken zu lassen. Selbst Vierbeiner, die in der Regel eher vornehm durch das Leben gehen, können diesem hemmungslosen Vergnügen manchmal nicht widerstehen.

Na gut, dann warte ich eben

Nutzen Sie die Spaziergänge auch, um alltägliche Signale praxisgerecht zu üben, zum Beispiel das Absitzen bei einem vorbeifahrenden Auto. So trainieren Sie nicht nur die sichere und schnelle Ausübung der Signale, sondern bekommen auch einen verkehrssicheren Hund. Und dieser kann Sie überall hin begleiten.

Ich will was machen

Nur dekorativ im Körbchen oder auf dem Sofa zu liegen ist nicht die Vorstellung eines schönen Lebens im Sinne eines Hundes. Die Vierbeiner wollen zeigen, was sie können, zusammen mit ihrem Menschen arbeiten und sich nützlich machen. Geben Sie Ihrem Hund dazu ausreichend Möglichkeit, und er wird ein glücklicher Hund sein.

WUSSTEN SIE?

Wenn Sie mit Ihrem Hund eine körperlich anstrengende Beschäftigung ausüben wollen, sollten Sie ihn vorher vom Tierarzt untersuchen lassen. So gehen Sie sicher, dass Sie gemeinsam lange Spaß damit haben werden. Hunde haben je nach Veranlagung und Persönlichkeit unterschiedliche Beschäftigungsvorlieben. Ein guter Hundetrainer wird Sie gern beraten.

Ich bring's dir zurück

Apportieren fordert nicht nur die Muskeln, sondern auch den Kopf. Richtig gemacht, muss der Hund dabei bestimmte Regeln einhalten, was seinen Grundgehorsam festigt, seine Selbstkontrolle fördert und natürlich Spaß und Befriedigung bringt. Apportieren lässt sich individuell für Hunde verschiedenen Alters und körperlicher Fitness anpassen.

Da muss ich lang

Nasenarbeit mit ihren vielfältigen Möglichkeiten eignet sich je nach Variante für alle Hunde, fordert volle Konzentration und macht auch vierbeinige Powerpakete müde. Ob Sie Ihren Hund dabei aus Spaß eine Wurstspur verfolgen lassen, ihn auf bestimmte Gerüche trainieren oder mit ihm noch anspruchsvoller arbeiten wollen, hängt ganz von den Fähigkeiten Ihres Hundes sowie Ihrer Zeit und Ambition ab.

Ich hab' einen ganz Großen

Äste und Stöckchen sind das liebste Spielzeug mancher Hunde. Solange die Vierbeiner diese nur herumtragen, kann meist auch nichts passieren. Kauen die Hunde jedoch daran, können Splitter zu Verletzungen in Mund und Rachen und bei Verschlucken im Verdauungstrakt führen. Beim Werfen von Stöcken besteht die Gefahr, dass der Hund sich den Stock in Mund oder Rachen rammt, was blutig ausgehen kann.

Ich hab noch jeden bekommen

Manche Hunde können gar nicht genug vom Bällchenfangen bekommen und würden dies am liebsten den ganzen Tag machen. Doch die schnellen Sprints, das abrupte Hakenschlagen und die Sprünge können die Gelenke stark belasten, was im Alter schmerzhafte Arthrose zur Folge haben kann.

Das Hindernis schaff' ich

Agility ist die ideale Beschäftigung für manche Hunde. Am besten daran ist sicher, dass der Sport zusammen mit dem Menschen ausgeübt wird. Doch wie andere bewegungs- und sprungintensive Sportarten kann es die Gelenke belasten. Und Vierbeiner, die schnell in einen hohen Erregungszustand geraten, drehen dabei meist noch mehr auf. Daher sollte bei jeder Sportart darauf geachtet werden, dass sie für den Hund auch geeignet ist.

Wir unternehmen was

Hunde sind gern bei ihren Menschen und wollen sie auch unterwegs begleiten. Mit einem gut erzogenen Vierbeiner macht das allen Beteiligten viel Spaß. Die gemeinsamen Unternehmungen bringen Abwechslung in den manchmal eintönigen Alltag und sind eine gute Form der Auslastung, weil viele Eindrücke auf den Hund einwirken, die er verarbeiten muss.

Okay, ich bin bereit

Ob albern oder ernsthaft, jeder Vierbeiner hat viele Facetten, die seine Persönlichkeit ausmachen. Derselbe Hund, der eben noch zärtlich mit seinem Menschen kuschelte, kann kurz darauf bei verdächtigen Geräuschen zum furchteinflößenden Türsteher werden oder mit voller Konzentration seinem Job nachgehen – ganz egal, ob er dabei Dummys apportiert oder als Rettungshund in Not geratenen Menschen hilft.

WUSSTEN SIE?

Hunde, die ihre Menschen ständig begleiten, tun sich oft schwer mit dem Alleinbleiben. Damit Hunde sich auch ohne ihre Bezugspersonen entspannen können, brauchen sie jedoch die Chance, dies zu trainieren. Lassen Sie Ihren Vierbeiner daher gelegentlich zu Hause, auch wenn er Sie begleiten könnte.

Ich bin im Dienst

Herr der Taschen: Dieser Dackel darf sein Frauchen jeden Tag ins Geschäft begleiten. Immer mehr Hunde verbringen den Tag mit ihren Menschen auf deren Arbeitsstelle. Die positiven Auswirkungen für die ganze Belegschaft wurden sogar schon wissenschaftlich erforscht. Wichtig dabei ist, dass der Hund die zweibeinigen Kollegen nicht nervt. Er selbst braucht auch einen Rückzugsort, an dem er ungestört dösen kann, damit er vor lauter Aufregung nicht zum Hektiker wird.

Hier ist es aber laut

Sehr beeindruckt geht der Hund mit Frauchen durch die Stadt. Gerade unsichere Hunde können vom urbanen Trubel leicht überfordert werden und sollten behutsam daran gewöhnt werden. Stresst die Aktion in der Stadt den Hund jedoch zu sehr, sollte man sich fragen, ob der Vierbeiner jedes Mal dabei sein muss und nicht zu Hause besser aufgehoben ist.

Hier gibt's viel zu sehen

Neugierig schaut sich der Hund die Passanten in der Fußgängerzone an, während sein Frauchen sich ein Eis genehmigt. Gut erzogene Hunde sind in vielen Restaurants gern gesehen. Damit es für den Hund nicht zu stressig wird, sollte man sich einen abseits gelegenen Platz suchen, an dem es ruhiger ist, und ihm eine Decke auf den Boden legen.

Ich bin auch noch da

Hunde sind sehr soziale Tiere, deswegen ist ihnen die Zuwendung ihrer Sozialpartner wichtig. Und da Hunde ihre Zweibeiner bestens kennen und wissen, was sie tun müssen, damit diese reagieren, haben sie verschiedene Strategien auf Lager, sich Aufmerksamkeit zu verschaffen.

WUSSTEN SIE?

Wie viel forderndes Verhalten ein Mensch von seinem Hund zulässt, bleibt jedem selbst überlassen. Am sinnvollsten ist es, sich schon vor dem Einzug des Vierbeiners zu überlegen, was man durchgehen lässt und was tabu ist. So muss man später nicht ein bereits etabliertes Verhalten wieder abgewöhnen.

Los, mach schon!

Forderndes oder antreibendes Bellen ist sehr effektiv, da die Menschen über kurz oder lang darauf eingehen, etwa mit dem Hund spielen oder sich beim Füttern beeilen. Bellen zu ignorieren führt meist nur zu mehr Ausdauer beim Hund, daher sollte es mit einem Signal beendet werden können.

Siehst du, was für ein armer Hund ich bin?

Mit herzerweichendem Blick schaut dieser Dackel zu seinem Menschen hinüber. Der traurige Hundeblick weckt beim Menschen viele Emotionen und erreicht fast immer eine Reaktion. Für Hunde ist dies eine elegante Strategie, ohne großes Rambazamba die gewünschte Aufmerksamkeit und Zuwendung des Zweibeiners zu bekommen.

Nicht aufhören zu streicheln

Die Hündin pfötelt, damit Frauchen nicht mit dem Streicheln aufhört. Pföteln ist eine charmante Aktion, um Aufmerksamkeit einzufordern. Während viele Hunde beim ersten Mal ohne weitere Absicht den Menschen anpföteln, lernen sie durch dessen Reaktion, dies dann gezielt einzusetzen. Ob es den Menschen stört, hängt sicher auch davon ab, wie dosiert der Hund diese Geste einsetzt.

Ich muss nur lange genug hier sitzen

Unbeweglich sitzt die Hündin am Tisch und fixiert den Kuchen auf dem Teller. Vielleicht versucht sie mittels Telekinese den Kuchen in ihr Maul schweben zu lassen. Wahrscheinlicher ist jedoch, dass ihre Geduld sich bisher bezahlt gemacht hat, weil öfter etwas abgefallen ist – ob versehentlich oder nicht. Entspannter für alle ist es sicher, wenn der Hund beim Essen auf seinem Platz liegt.

Gib schon her!

Die Hündin springt an der Frau hoch, um ein Stück von ihrem Kuchen abzubekommen. Forderndes Anspringen ist wie das Bellen eine recht dreiste Aktion. Dies zu ignorieren führt meist zu nichts, der Hund sollte ein Abbruchsignal lernen, um davon abzulassen. Auch wenn es den Halter selbst nicht stört, sollte er es nicht bei anderen zulassen.

Spiel mit mir

Fast alle Hunde lieben es, mit ihrem Menschen zu spielen. Gemeinsam Spaß zu haben beschäftigt den Vierbeiner nicht nur, es macht den Menschen auch attraktiver und wirkt sich dadurch positiv auf die Beziehung aus. Doch wie spielt Mensch richtig mit dem Hund?

Lass uns toben

Spielen geht auch ohne Spielzeug – bringen Sie sich doch öfter einmal selbst mit körperlicher Aktion ein. Je nach Vierbeiner bieten sich unterschiedliche Varianten an: Gemeinsam über die Wiese rennen, auf dem Boden liegen und ihn auf sich herumhüpfen lassen oder einfach eine lustige Balgerei. Wird das Spiel jedoch zu heftig, brechen Sie es ohne Diskussion ab.

Ich tue alles für mein Spielzeug

Manche Hunde sind echte Balljunkies, die auch beim Spaziergang nichts anderes im Kopf haben. Stundenlang können Sie hinter dem Spielzeug her rennen und werfen es ihrem Menschen dann wieder vor die Füße, damit das Spiel von vorn beginnt. Doch mit Spiel hat das meist wenig zu tun: Die Hatz nach dem Ball kann tatsächlich süchtig machen. Das Spiel mit Objekten ist okay, solange es Maß und Ziel hat.

Ich hab dich gefunden!

Lassen Sie Ihren Hund abliegen und verstecken Sie sich doch einmal hinter einem Baum, einem Schild etc. Auf Ihr Signal hin darf der Vierbeiner losrennen und Sie suchen. Hat er Sie gefunden, ist Ihr Jubel natürlich groß. Verstecken bietet sich in sicherem Gelände an. Plötzlich sind Sie weg und er wird sich sputen, um Sie zu finden. Achten Sie jedoch darauf, dass er nicht in Panik gerät und geben Sie notfalls Hilfestellung, etwa durch ein Geräusch.

WUSSTEN SIE?

Spielen macht schnell keinen Spaß mehr, wenn man immer verliert. Das gilt auch für Hunde: Lassen Sie Ihren Vierbeiner beim Balgen öfter mal die Oberhand bekommen und beim Zerrspiel die Beute erhaschen und damit abhauen. Wenn Hunde spielen, tauschen Sie auch die Rollen und der größere und stärkere Vierbeiner gibt gern mal eine Runde an den kleinen ab. Stimmt die Basis zwischen Zwei- und Vierbeiner, hat der Mensch nicht zu befürchten, dass er an Ansehen verliert, wenn er nicht immer gewinnt – ganz im Gegenteil.

Gib es schon her

Zerrspiele mit Hund werden kontrovers diskutiert, machen vielen Hunden jedoch einen Riesenspaß. Solange Ihr Vierbeiner sich an die Spielregeln hält, ist dagegen auch nichts einzuwenden: Wenn Sie sagen, dass Schluss ist, muss er das Objekt hergeben. Und auch hier gilt, dass das Spiel beendet wird, wenn der Racker übermütig und zu wild wird. Doch Sie dürfen Ihren Hund gelegentlich auch gewinnen lassen.

Wo bist du?

Für ein soziales Tier wie einen Hund ist es nicht immer leicht zu ertragen, wenn er allein bleiben muss. Daher ist es wichtig, möglichst früh mit dem Training des Alleinseins zu beginnen, damit es nicht zum Problem für Mensch und Hund wird.

WUSSTEN SIE?

Alleinsein üben:

- **Verlassen Sie öfter den Raum und schließen Sie die Tür hinter sich.**
- **Gehen Sie kurz in den Keller oder in den Garten.**
- **Dehnen Sie Dauer und Distanz immer weiter aus, doch bleiben Sie zwischendurch nur kurz weg.**
- **Gehen Sie für längere Zeit weg, sollte er vorher müde und satt sein und sich gelöst haben.**

Ich träum vom Häschen

Ruhig schlafend liegt diese Hündin in ihrem Körbchen. Sie hat gelernt, zeitweise allein zu Hause zu bleiben und fühlt sich dabei wohl. Trotzdem sollte die regelmäßige Abwesenheitsdauer nicht übertrieben werden, mehr als vier bis fünf Stunden sind in der Regel das Maximum – Sie wollen ja auch mit Ihrem Hund zusammensein.

Schläfst du schon?

Die zwei verschlafen die Zeit der Abwesenheit ihrer Menschen. Mit einem Artgenossen an der Seite fällt es vielen Hunden leichter, ohne ihre Menschen zu Hause zu bleiben. Doch nicht immer läuft die sturmfreie Zeit so ruhig ab: Manchmal stellen die Hunde dann auch gemeinsam Unfug an – einer hat die Ideen, der andere führt sie aus. Im Team macht auch das mehr Spaß.

Hallo, hört mich jemand?

Die Familie ist nicht da und der Hund bellt an der Tür. Bellen während des Alleinseins kann von Fall zu Fall unterschiedliche Ursachen haben: die Familie rufen; Frust, weil er allein ist; Wut, dass die anderen ohne ihn gegangen sind; der Versuch, Kontrolle auszuüben oder besondere Wachsamkeit, weil er nun allein die Stellung halten und auf das Haus aufpassen muss.

Dich krieg' ich klein!

Der Dackel hat das Kissen gekillt und lässt die Federn fliegen. Hat ein Hund nicht gelernt, den Frust während des Alleinseins zu ertragen, gerät er leicht in Rage und irgendetwas muss dran glauben, um den Frust wieder abzubauen. Oft ist es jedoch auch nur Langeweile und der Hund sucht sich eine lustige Beschäftigung.

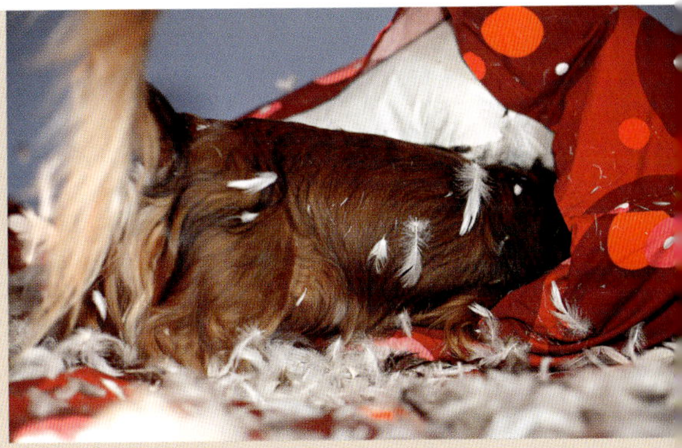

Ich weiß nicht weiter

Der Hund regt sich auf, während er allein ist. Anders als Frust oder Langeweile ist echte Trennungsangst durch unkontrollierbare körperliche Reaktionen gekennzeichnet, wie Speicheln, starkes Hecheln, Kot- und Urinabsatz. Der Hund hat eine regelrechte Panikattacke und braucht lange, um sich wieder zu beruhigen. Zur Behandlung bedarf es eines Hundeverhaltenstherapeuten, der oft sogar Medikamente einsetzt, um mit dem Hund arbeiten zu können.

Mein kleiner Freund

Kinder und Hunde sind wie füreinander gemacht, wenn es ums Spielen und Spaßhaben geht. Damit die traute Zweisamkeit harmonisch bleibt, sollten Kinder die wichtigsten Umgangsregeln mit Hunden lernen. Dazu gehört unter anderem, die Vierbeiner auf ihren Rückzugsplätzen nicht zu stören, sie nicht zu ärgern, ihnen nichts wegzunehmen und sich ruhig zu verhalten, wenn ein Hund zu wild oder bedrohlich wird. Das Verhalten von Kindern und Hunden ist nicht immer vorhersehbar – das dürfen die Aufsichtspflichtigen nie vergessen!

Wer kommt da?

Der Hund wird vom Kind spazieren geführt und schaut sich interessiert an, wer ihnen da entgegenkommt. Obwohl Hundebegegnungen meist friedlich verlaufen, sind Kinder mit dem Ausführen von Hunden spätestens dann überfordert, wenn es zu nicht einschätzbaren oder heiklen Situationen mit Artgenossen kommt – das bringt alle Beteiligten in Gefahr und kann zu traumatischen Erlebnissen führen. Hunde dürfen nur von geeigneten Personen geführt werden, die in der Lage sind, auch kritische Situationen zu meistern. Ab welchem Alter ein Kind allein mit einem Hund spazieren gehen darf, hängt unter anderem von seiner persönlichen Reife, dem Hund, der Rechtslage und den versicherungsrechtlichen Regelungen ab. Die frühesten Empfehlungen nennen ein Kindesalter von 14 Jahren, andere ab 16, eben immer individuell abhängig vom Kind– und in manchen Fällen erst ab 18 Jahren.

Ich höre dir gern zu

Auch wenn der Hund kein Wort von den Geheimnissen versteht, die seine Freundin ihm ins lange Ohr flüstert, genießt er doch das Kuscheln und die Nähe mit ihr. Hunde können die besten Freunde von Kindern sein, und auch die jungen Zweibeiner profitieren von dieser innigen Beziehung. Die Hunde der Kindheit bleiben das ganze Leben lang unvergessen.

Na, was gibt's?

Friedlich liegt der Mops mit dem Kleinkind auf dem Bett. Ob Hund und Familienzuwachs sich verstehen, hängt von verschiedenen Faktoren ab und sollte am besten vor der Geburt des Babys zusammen mit einem erfahrenen Hundetrainer eingeschätzt und gegebenenfalls gemanagt werden. Doch immer gilt: Hunde und Kinder niemals miteinander allein lassen!

WUSSTEN SIE?

Immer wieder ist zu lesen, dass die Kinder der Familie dem Hund übergeordnet sein müssen. Das kann fatale Folgen haben und zu gefährlichen Situationen führen, wenn beispielsweise ein Kind versucht, die Ausführung eines Signals beim Hund durchzusetzen. Kinder stehen in der Rangordnung nicht über dem Hund, sie sind Spielkameraden und Kumpel. Alles, was mit Erziehung und Maßregelung zusammenhängt, liegt im Verantwortungsbereich der Eltern!

Service

Sie suchen einen bestimmten Begriff zum schnellen Nachschlagen? Oder Sie wollen noch mehr über Hundeverhalten wissen? Im Serviceteil finden Sie unter der Rubrik „Zum Weiterlesen“ ergänzende Literatur, das Register weist Ihnen schnell den Weg zur richtigen Seite und die „Nützlichen Adressen“ runden den Serviceteil ab.

Zum Weiterlesen

Hunde verstehen

Bloch, Günther & Elli H. Radinger: **Affe trifft Wolf.** Kosmos 2012

Bloch, Günther & Elli H. Radinger: **Wölfisch für Hundehalter.** Kosmos 2010

Bloch, Günther: **Der Wolf im Hundepelz.** Kosmos 2004

Feddersen, Dr. Dorit-Urd: **Ausdrucksverhalten beim Hund.** Kosmos 2008

Feddersen, Dr. Dorit-Urd: **Hundepsychologie.** Kosmos 2004

Gansloßer, PD Dr. Udo & Petra Krivy: **Verhaltensbiologie für Hundehalter – Das Praxisbuch.** Kosmos 2011

Gansloßer, Dr. Udo: **Verhaltensbiologie für Hundehalter.** Kosmos 2007

Grewe, Michael & Inez Meyer: **Hoffnung auf Freundschaft**. Kosmos 2012

Grewe, Michael & Inez Meyer: **Hunde brauchen klare Grenzen**. Kosmos 2010

Jones, Renate: **Aggression bei Hunden.** Kosmos 2009

Käufer, Mechtild: **Spielverhalten bei Hunden.** Spielformen und -typen. Kommunikation und Körpersprache. Kosmos 2011

Krämer, Eva-Maria: **Krämer, Der große KOSMOS-Hundeführer.** Mit allen 340 FCI-Rassen und 120 zusätzlichen Rassen. Kosmos 2009

Miklósi, Ádám: **Hunde – Evolution, Kognition und Verhalten.** Kosmos 2011

Schmidt-Röger, Heike: **Das große Ulmer Hundebuch.** Ulmer 2008

Schöning, Dr. Barbara: **Hundeverhalten.** Kosmos 2008

Erziehung leicht gemacht

Führmann, Petra, Nicole Hoefs & Iris Franzke: **Das Kosmos Erziehungsprogramm für Hunde.** Kosmos 2006

Führmann, Petra, Nicole Hoefs & Iris Franzke: **Die Kosmos Welpenschule.** Kosmos 2012

Pietralla, Martin: **Clickertraining für Hunde.** Kosmos 2003

Toll, Claudia: **Kommt nicht, gibt's nicht.** Kosmos 2009

Hunde sinnvoll beschäftigen

Doepp, Simone, Metz, Gabriele: **Trick Dogs.** Kosmos 2009

Führmann, Petra, Nicole Hoefs: **Erziehungsspiele für Hunde.** Kosmos 2011

Gesund durchs Hundeleben

Biber, Dr. Vera: **Allergien beim Hund.** Kosmos 2006

Bucksch, Dr. Martin: **Ernährungsratgeber für Hunde.** Kosmos 2008

Bucksch, Dr. Martin: **Notfallapotheke für Hunde** für unterwegs. Kosmos 2011

Lausberg, Frank: **Erste Hilfe für den Hund.** Kosmos 2009

Niepel, Gabriele: **Kastration beim Hund.** Kosmos 2007

Rakow, Barbara: **Homöopathie für Hunde.** Kosmos 2006

Rauth-Widmann, Dr. Brigitte: **1x1 der Rohfütterung.** Kosmos 2009

Zum Schmökern und Schmunzeln

Führmann, Petra, Nicole Hoefs: **Auf Hundepfoten durch die Jahrhunderte.** Kosmos 2009

Führmann, Petra, Nicole Hoefs: **Was liest der Hund am Laternenpfahl?** Kosmos 2007

Weiershausen, Anja: **Populäre Irrtümer über Hunde.** Kosmos 2007

Adressen

Fédération Cynologique Internationale (FCI)
Place Albert 1er, 13
B – 6530 THUIN
Tel.: ++32 71 59 12 38
Fax: ++32 71 59 22 29
E-Mail: info@fci.be
www.fci.be

Verband für das Deutsche Hundewesen e. V. (VDH)
Westfalendamm 174
D – 44141 Dortmund
Tel.: 0231-56 50 00
Fax: 0231-59 24 40
E-Mail: info@vdh.de
www.vdh.de

Österreichischer Kynologenverband (ÖKV)
Siegfried Marcus-Str. 7
A – 2362 Biedermannsdorf
Tel.: ++43 (0) 22 36 710 667
Fax: ++43 (0) 22 36 710 667 30
E-Mail: office@oekv.at
www.oekv.at

Schweizerische Kynologische Gesellschaft (SKG)
Brunnmattstrasse 24
CH – 3001 Bern
Tel.: ++41 (0) 31 306 62 62
Fax: ++41 (0) 31 306 62 60
E-Mail: info@skg.ch
www.skg.ch

Bundestierärztekammer (BTK)
Französische Strasse 53
10117 Berlin
Tel.: ++30-201 43 38-0
E-Mail: geschaeftsstelle@btkberlin.de
www.bundestieraerztekammer.de

Tierärztliche Vereinigung für Tierschutz e. V. (TVT)
Bramscher Allee 5
D – 49565 Bramsche
Tel.: ++54 68-92 51 56
E-Mail: geschaeftsstelle@tierschutz-tvt.de
www.tierschutz-tvt.de

Deutsches Haustierregister
www.registrier-dein-tier.de

Tasso e. V. (Tierregistrierung)
www.tasso.net

Dank

Viele liebe Menschen haben bei der Entstehung dieses Buches geholfen, Ihnen allen gilt mein herzlicher Dank, insbesondere der Hundetrainerin Susanne Blank (www.hundeschule-sulzbach.de) für die hervorragende fachliche Beratung; PD Dr. Udo Gansloßer, Regina Franke, Brigitte Reeh und Martina Reeh für das kritische Gegenlesen des Manuskripts; meiner kompetenten und immer freundlichen Lektorin Alice Rieger; Brigitte, Martina, Susanne und allen Hundehaltern für ihren Einsatz bei den Fototerminen, der Tierärztin Cornelia Heider sowie dem ganzen Team der Tierarztpraxis Walter und meinem stets geduldigem Mann Stefan.
Ein dickes Dankeschön auch allen meinen wunderbaren vierbeinigen Models, die sich stets von ihrer besten Seite gezeigt haben, besonders Ruby, Baijra, Lisa, Jette, Kate, Penny, Fanta, Lotte, Ylvie, Katla, Smilla, Abu, Luis, Ares, Rocco, Coco, Connor, Abby, Bingo, Frodo, Manfred, Kumpel, Muffin, Anton, Toni. Und natürlich unserem Paul, dem besten Dackel der Welt, der Greyhound-Dame Lizzy, die für viel zu kurze Zeit Teil unseres Lebens war und es doch so bereichert hat, und allen unseren einzigartigen Vierbeinern für unser wunderbares Hundeleben.

Register

Abbruchsignal 75
Alleinbleiben 80, 86 f.
Allogrooming 24
Altersbedingte Beschwerden 30 f.
Angstaggression 42
Ängste 13
Ano-Genital-Kontrolle 35
Anpassungsfähigkeit 10
Anspringen 74 f., 83
Anstarren 43, 67, 70
Apportieren 78
Auflegen des Kopfes 47
Aufmerksamkeit fördern 82 f.
Aufreiten 38, 47
Autogrooming 24

Bällchenfangen 79
Begrüßung 61
Behaglichkeitsverhalten 24 f.
Beißhemmung 36
Bellen 82, 87
Beschäftigung 78 f.
Beschwichtigungssignale 40 f.
Bewachen 18 f.
Bewegungsfreiheit einschränken 46
Bewegungsreiz 14, 17
Blick abwenden 70
Blickkontakt 66 f.

Deeskalationsverhalten 70
Distanz schaffen 42
Dominanz 46 f.
Dominanzgesten 38
Drohverhalten 42 f.
Duftsignale 52 f.

Eigenschaften, typische 8 f.
Entspannung 22
Erfahrungen 10 ff.
-, negative 13
Erkrankungen, altersbedingte 30 f.
Ernährung 20 f.
Erwachsene Hunde 56 f.

Fixieren 43, 67
Fressen 20 f.
Freunde 50 f.
Frustbewältigung 87

Geborgenheit 10
Gefahrenabwehr 64
Geräuschempfindlichkeit 13
Geruchssinn 52 f.
Gesten 68 f.
Glückshormone 16
Grundgehorsam 78

Hochspringen 74 f.
Hunde und Kinder 88 f.
Hunde und Menschen 60 ff.
Hundebegegnungen 34 ff.
- an der Leine 48 f.
Hundefreunde 50 f.
Hundegruppe 44 f.
Hütehunde 15 f.

Individualabstand 44
Innerer Konflikt 41

Jagleidenschaft 16 f.

Kauen 22 f.
Komfortverhalten 24
Kommunikation 54 f., 68 f.
Kondition 39
Konfliktvermeidung 70
Körperbetontes Spiel 37
Körperpflege, gegenseitige 51
Körpersprache des Hundes 54 f.
- des Menschen 72 f.
Kot fressen 21

Markieren 53
Massagen 63
MDR1-Defekt 21
Meute 44 f.
Mimik 54, 67
Missverständnisse 54 f.

Paralleles Laufen 50
Pause 61
Pföteln 41, 83
Pubertät 11

Rassetypische Eigenschaften 8 f.
Reizschwelle 44
Rennspiele 39
Ressourcen 26 f., 51
Revier markieren 53
Rituale 61
Rollentausch 37, 85

Schaukämpfe 39
Schnauze lecken 41
Selbstbewusstsein 25
Senioren 30 f.
Sicherheit 64 f.
Sichtzeichen 68 f.
Soziale Körperpflege 24
Soziales Miteinander 56 f.
Spaziergänge 76 f.
Spielen 36 f., 84 f.
Spielregeln 36
Spielzeug 26
Stereotypie 38
Stimmungsübertragung 13, 28, 64
Stöckchen 23, 79
Stressabbau 38

Tastsinn 22
Territoriales Verhalten 18 f.
Tierarzt 28 f.
Toleranz 51
Trennungsangst 87

Überforderung 11
Überpinkeln 53
Umweltreize 12 f.
Unsicherheit 11, 63
Unterwerfungsgeste 40

Verhaltensabbruch 75
Verhaltensänderungen 30 f.
Verträglichkeit mit Artgenossen 44
Vertrauen 60
Vorderkörpertiefstellung 37

Wälzen im Gras 25
Welpenschutz 57
Welpenverhalten 41
Wohlbefinden 62 f.

Zahnreinigung 22
Zahnwechsel 23
Zerrspiel 36, 85
Zusammengehörigkeit 60 f.
Zuwendung 82 f.

Bildnachweis

178 Farbfotos wurden von Heike Schmidt-Röger/Kosmos für dieses Buch aufgenommen.

Impressum

Umschlaggestaltung von eStudio Calamar unter Verwendung von zwei Farbfotos von Heike Schmidt-Röger.
Mit 178 Farbfotos.

Alle Angaben in diesem Buch erfolgen nach bestem Wissen und Gewissen. Sorgfalt bei der Umsetzung ist indes dennoch geboten. Autorin und Verlag übernehmen keinerlei Haftung für Personen-, Sach- und Vermögensschäden, die aus der Anwendung der vorgestellten Materialien und Methoden entstehen können.

Gedruckt auf chlorfrei gebleichtem Papier

FSC www.fsc.org MIX Papier aus verantwortungsvollen Quellen FSC® C022125

ISBN 978-3-440-12389-8
Redaktion: Alice Rieger
Gestaltungskonzept: WALTER Typografie & Grafik GmbH, Würzburg
Gestaltung und Satz: Atelier Krohmer, Dettingen/Erms
Produktion: Eva Schmidt
Printed in Germany / Imprimé en Allemagne